视频化表达

短视频编剧创作手记

肖永鹏　陈　新　著

電子工業出版社
Publishing House of Electronics Industry
北京 • BEIJING

图书在版编目（CIP）数据

视频化表达：短视频编剧创作手记 / 肖永鹏，陈新著. —北京：电子工业出版社，2023.6

ISBN 978-7-121-45724-1

Ⅰ. ①视… Ⅱ. ①肖… ②陈… Ⅲ. ①视频制作 Ⅳ. ①TN948.4

中国国家版本馆 CIP 数据核字（2023）第 099517 号

责任编辑：王欣怡　　　　文字编辑：刘甜
印　　刷：北京七彩京通数码快印有限公司
装　　订：北京七彩京通数码快印有限公司
出版发行：电子工业出版社
　　　　　北京市海淀区万寿路 173 信箱　　　邮编：100036
开　　本：720×1000　1/16　印张：13.5　字数：142.6 千字
版　　次：2023 年 6 月第 1 版
印　　次：2024 年 8 月第 2 次印刷
定　　价：68.00 元

凡所购买电子工业出版社图书有缺损问题，请向购买书店调换。若书店售缺，请与本社发行部联系，联系及邮购电话：（010）88254888，88258888。

质量投诉请发邮件至 zlts@phei.com.cn，盗版侵权举报请发邮件至 dbqq@phei.com.cn。

本书咨询联系方式：424710364@qq.com。

目录

第七章　后期 / 162

第八章　运营 / 179

第九章　收支（变现） / 193

第一章

内行的视野

第一节

别把自己当艺术家

怎样才可以打造出自己的短视频 IP?

这个问题是大部分人在开拍前会考虑的第一件事，也可能是最后一件事。因为不切实际的想象的确对落实执行一些项目，以及体现视频制作的本意毫无帮助，甚至会阻碍项目的进一步推进和商业版图的深度发展。

从一开始就想着“IP”“变现”“最终效果”，这无异于一个彩民刚购买了彩票就开始构想自己怎么花钱，都是异想天开之举或不理智行为。

初学者应该先把自己的心态、视野，放到和同行一样的水平线上，否则只会和多数失败者一样，竹篮打水一场空。

1．心态

首先，摆正心态，别把自己当艺术家。

短视频是什么？说白了，就是广告。

自从手机终端开始被广泛应用并且进入我们的日常生活后，各大电视台也有了自己的网络转播渠道。坐在家里看电视的人越来越少了，也越来越老龄化了，曾经的电视广告也不可避免地被其他形式的广告取代。其中，便包括自媒体。

从某种意义上讲，就像电子货币支付逐渐代替了现金支付一样，短视频也开始慢慢取代电视广告，成为新时代的主流的广告形式。

实事求是地讲，短视频是一种用来推销商品的新形式广告。

曾经，一条电视广告可以使用一年。与之不同的是，现在要维持一个基础的数据，如播放量、曝光度等，一年拍 365 条短视频也成了一种常态。

如此一来，新媒体公司就成了一个需要每日运作的组织，其同样也需要有一定基础的技术人才储备，负责拍摄、剪辑、运营、出镜等，甚至是负责演职人员的招聘、培训，创建一条具体的、稳定的流量变现的商务对接渠道，销售转化的供应链管理系统与一些相关企业合伙人的风险承担等。

当然，短视频也可以带有专属于互联网的艺术感和美学技巧，但其终究只是一种带有文化色彩的产品，一种用于推销品牌或个人的新媒体广告。

话说回来，难道就不会有人想用打广告的方式来抒发情怀、实现理想、满足心理需求吗？

有。

有九成的投资人希望把短视频节目打造成自己的艺术品，有九成的编导把自己当成拿过世界四大电影节大奖的导演。

作为名副其实的创作者或拿钱办事的打工人，我们当然不应该讨厌那些有志向、有追求的委托人。毕竟不是每一个人都愿意为自己的情怀花大把钱，这样爽快的制作方是生意场上难得一见的好老板。

在多年拍片子的经历中，我们也很少遇到这样的老板。

但作为制作人，我们更希望短视频行业发展越来越正规，从而让每一个短视频账号都能成为引导受众的品牌代言方，让市场环境进入良性循环。所以，如果你打算入行，那么请先理解——

短视频账号的本质不是艺术品，而是新媒体广告。

2. 视野

其次，要有一个清晰的视野。

很明显，号称“摄影穷三代，单反毁一生”的摄影圈，已经没了昔日的高门槛。希望从事短视频行业的人能够清醒地认识到：就连家里年迈的父母都可以靠着一桌饭菜、一段漂亮的刀工表演，以及手机摄制，慢慢地运营起自己的互联网品牌。

前提是他们足够了解短视频，懂网络。

此外，制作一个时长几秒钟或几分钟的短视频，在早期不宜有太多的资金投入，除非是矩阵营销，抑或是一些成本偏高的垂直行当。

自媒体时代之所以兴起，是因为短视频制作流程简单，投资成本低。随着摄影圈对经济发展水平的要求越来越低，短视频行业的大众参与度变得越来越高了。简单来说，摄影器材价格的下滑，让每一个人都有了踏出拍短视频第一步的机会。

而且抖音、快手、火山小视频、小红书、今日头条、西瓜视频、哔哩哔哩（简称“B 站”）、You Tube、TikTok（国际版抖音）等海内外的视频平台的流量渠道繁多，更有剪映、快影、必剪等便利的手机软件推波助澜。

曾经四顾茫然的普通人摆脱了经济能力的制约，又有各大网络平台的扶持。在这样的前提下，上班做梦的老板和下班休息的员工站在了同一起跑线上。任何人都有可能“一步登天”，任何事都有了日转千阶的契机。

因此，我们看到一个又一个草根网红一夜成名，“过气”明星重回荧幕。

种种迹象仿佛都在告诉短视频从业者和相关行业的投资者：时不我与，岁且更新。

也正因如此，应运而生的不只有腹有才情的制作人，还有很多“割韭菜”的培训机构。

各种形式的短视频运营教程遍地开花，不断吸引着随潮流而来的新人们。这个世界再一次让“智商税”横行于世。即便节目制作不需要花一分钱，也依旧有人开出数万元一条的高价制作费用，诱导制作人盲目投资。这一点尤其值得我们警醒。

朝阳行业野蛮生长，行业环境却是一地鸡毛，乱象之中，保持清晰的视野非常重要。盲目地进行重金投资，对经济造成损失还在其次，主要是会显得你智商“掉线”。

因为我们在前面已经讲过，短视频不是高深莫测的艺术品。

它不摆在巴黎的卢浮宫，也不出自毕加索之手。

所以我们不需要缴纳高额学费。

第二节

短视频的存在价值

什么是短视频的存在价值？

九成的人都觉得短视频能赚钱，但当你问他们这玩意儿怎么赚钱时，这些人中的九成会告诉你：我也不知道。

那到底如何用短视频赚钱呢？具体问题具体分析。

如果你是一位公司老板，那么你大可以先让 HR 去招一位短视频运营经理或总监，然后你只需要询问这位运营经理或总监，即可得到完美解答。

如果你是一位短视频运营经理或总监，那么你可以先让 HR 去招一位短视频编导，然后你只需要把编导告诉你的赚钱方法原话转达给公司老板，便可以完美解决问题。

如果你是一位短视频编导，而且你也不知道短视频怎么赚钱，那么你还是辞职吧。

短视频账号带来的流量变现的方法繁多，最常见的无非也就以下4种。

（1）带货。

（2）直播。

（3）培训。

（4）广告。

带货账号建立在有商品供应链的前提下，即解决了备货、引流、支付、交易、物流、售后等问题以后，便可以立即开始相关节目制作。最常见的有服装（尤其是女装）、母婴、化妆品、零食百货等带货账号，运营带货账号的除了买家什么都不缺，甚至有实体工厂，可以为节目量身定做商品。开店怎么揽客，节目就怎么卖货。

直播账号曾在快手短视频平台风行一时，并在某个时段取得了巅峰成就，其运营需要设备、培训、测试、主播、幕后技术团队。这种短视频账号的制作方一般是双向收益的，在平台取得的礼物、打赏中拿提成，同时赚取一定广告商的幕后投资。值得一提的是，这种短视频账号最需要平台方传媒资源的倾斜，如果在各大平台内部没有点人脉，那么运营起来就得靠一点运气和冷血。

培训账号则是“网红孵化基地”，属于内部就业体系，甚至有人称其为专收“智商税”的机器。公司之间的合作占收益大头，从学员手里收学费则是小头。培训账号的赚钱方法和教育培训机构别无二致——收缴学费、工资提成、违约赔款，重点在于靠谱的教材、教程和课件的包装。

广告账号是最常见的，也是最容易做的短视频账号，其通过有粉丝基础和个人特色的视频内容，与相关产业合作，收取广告费用。有的公司的推广部门也能在推广公司品牌的同时，通过商单创收。因为这是最符合广告账号本质的运营方式，所以运营广告账号的也最容易找到合作方。但难点在于客户、合同、税务等。

如果成为网红只是为了分享生活、分享快乐，那么你不在其列。

如果你运营短视频账号一开始就是奔着钱去的，那么以上这 4 种方法都是最直接的变现方法，业内把这类短视频账号统称为营销账号。

所以流量变现确有途径。

第三节

作品的类型

甲乙双方各取所需

需求

需求是我们在创作过程中建立起来的一座人与人之间沟通的桥梁。从某种程度上来说，它也是整个项目给人的第一印象。因为每个人在做任何事之前，心中都会有一个模糊的念头或不太具体的想法。当然，有的人在某些方面设想得很具体。例如，如果我打算拍一个在房地产楼盘里打广告的短视频，给周边几个新楼盘预热，最终实现线下引流，招揽到一定数量的本地潜在购房者，那么一定要挑选公司里青春靓丽、符合公司品牌定位的女员工当主角。有的人想到的是一个抽象的愿景，例如，因为我是开茶叶店的商家，全国有上百家连锁店铺，也有自己的加工厂和茶园，所以能不能在自己打造的门店账号的直播间带货，增加一定的线上销售额，仅此而已。

如果你至今仍没有“想要了解一个人或一群人的真实想法”的执着精神，那么可能不适合进入这个行业工作。

早期我们遇到过不少有“奇葩”诉求的项目，后来摸着石头过河的工作经验多了，细究起来，项目没有完成并不是客户的问题，而是我们创作者圈子内部从来没有统一过思想，无法让客户知道自己要干什么。自然而然地，编制项目需求表就不得不提上日程了，接待甲方的行业标准也顺势而生了。

我们在视频项目初期最常见的**项目需求表**大致分为**用户画像**与**节目效果需求**两类。前者确定片子要拍给谁看的问题，即**观众**；后者则是较完整的框架内容，解决了如何拍片子的操作问题，即**内容**。切记，一定先要以观众的审美为基础，然后追求满足观众需求的内容品质。所以，别拍一些根本没有观众市场的题材内容。只有足够商业化，才能确保自己及团队长久生存下去。

什么是用户画像？

用户画像包括受众的**性别**、**年龄段**、**各平台分布**、**各收入水平占比**等。

什么是节目效果需求？

节目效果需求包括需要什么样的**节目效果**（如搞笑的、煽情的、俗套的、正能量的等），需要什么样的**节目性质**（如带货的、做“人设”的、做品牌的、做系列集的等），**剧本格式**的标准，**剧本内容**的标准（如字数、时长、镜头数量、台词数量等），对演出、演员、拍摄、剪辑的**具体风格要求**，有无**故事大纲**（或大概内容），或者其他需要补充的**特殊要求**，等等。

接下来，我们会逐一说明上述方面的重要性。

受众的性别

什么是受众的性别？

为什么受众的性别很重要？

对于很多大网红、大主播而言，他们只要有数量足够庞大的内容曝光量与一定的行业影响力，就可以了，无论男粉丝占比高一点，还是女粉丝占比高一点，两者之间的差别并不大。尤其是在早年间堆数据的 IP 化时代（2017—2020 年），同行们总是摆出一副自己的仓库里“弹药”充足的骄傲样子，不仅后勤有十足的保障，还有源源不断的大批资金、人力投入其中，并且是铺天盖地的矩阵玩法。那确实是一个十分美好的时代，总是充斥着各种机遇与挑战，也有着一夜成名的可能。

现如今一味砸钱的短视频项目越来越少了，尤其是出现在一家新公司或新人们的身上更是异常罕见。

人们的投资意识也表现得相当克制，例如，当开始做一个新的短视频账号时，在达到 10 万个粉丝之前和达到 10 万个粉丝之后，大家更在意的是：

我们究竟能从中挣到多少钱，其中又有多少是从平台上、供应链里获取到的巨额收益。

所以，在某种意义上观众的性别就被卡死了，我们需要重新划分受众群的消费区域。

在做任何一个视频账号之前，所有人都应思考清楚这一点——假如可以选择的话，是选择 100 个男性粉丝，还是选择 50 个女性粉丝？

到底该如何来选择受众呢？

我们只需根据制作方所能获取到的收益渠道做一个准确定位，即要有刺激特定人群消费的商业眼光，也就是在每一条片子拍出来以后，它一定会成为很多男性或女性观众追捧的内容对象，如此一来，我们就能找出那一部分男性或女性消费者的潜在需求了。

所以，如果我是卖女装的，我一定会选 60%～90%占比率都是女性的观众。有时，创作者也应该去挑战一下 90%都是女性观众的占比率目标。

所以，我们一定会拍一些女性观众更为关注的热门题材的内容，甚至故意拍一些男性观众并不感兴趣而女性观众特别在意的创意题材，从而起到能够隔离其他类别的受众群的作用，并赶走那些无关紧要的人，增加社区文化的纯洁度。

同样，当我们或公司主攻男性消费者市场时，免不了会将制作重心慢慢地偏移到男性观众身上。

这些都是用来管控账号风险的常规手段。

我们既要做好受众人群定位，也要学会**拒绝市场诱惑**，做一个**精准的自我定位**。

与受众的性别环环相扣的是受众的年龄段，它使得我们更加**细化内容的市场定位**，并且**垂直于一个相关的创作领域**。

受众的年龄段

什么是受众的年龄段呢？

说到这，一定会有很多人觉得我们将事情搞复杂了，有一点穷讲究。

他们会说："用户画像不是一个创作者应该思考的事情，至少不是当务之急。"

可是，假如我们在连观众是谁都不清楚的前提下做短视频账号，一定会落得赔得血本无归的下场。

这就是我们要一直延伸自己所思考的话题的一大原因。

从受众的性别到受众的年龄段。

实际上，我们预设一个清晰可见的年龄段的细分标准，其最大的好处是让我们的心中有一个大概的创作意图。

他们是青少年吗？那青少年最喜欢看什么？

是青年吗？那青年人更关注什么？

是中年人吗？那中年人会想在网站上得到什么？

是老年人吗？那老年人为什么也喜欢这些时髦的玩意儿？

是小孩子吗？那大人给小孩子的娱乐空间有多大？

无一例外，他们都在热爱着、享受着网络视频带来的欢乐、和谐及正能量的文化氛围。

那么，他们看的内容都是一模一样的吗？

答案是不一样。

那么，其中有没有一个重合度呢？

也许有这种可能性存在，但大部分的受众群体的重合度都特别低，尤其是那些高度活跃的用户及老用户。

所以，实际上的**重合度是非常少有的**，甚至会**颠覆一些旁观者对这个行业的所有基础观察和认识**。

因为我们处在一个大数据的定向推流策略中。

也因为我们处在一个互联网的信息茧房的底层逻辑中。

很多人在未用一些定位精准的关键词搜索以前，或者在有意识地接触一件新鲜事物的过程中，就已经身处整个信息流的内容体系的大框架下。例如，如果他们是热衷于观看美食视频的观众，浏览到的内容重心就可能永远都是关于美食、本地生活及国内外重大新闻。

后面两个内容属于必备的推荐素材，关于本地生活的内容更方便于整个信息流广告导向销售，平台方只要获取到了后台定位的个人数据，就一定会精准地给观众推送一些同城商业配套服务等，这是平台方用以获利的方法之一。而国内外重大新闻则是大众传播中的重要一环，是官方背景下的舆论导向的核心，是构造一个传媒组织最为重要的宣发窗口，也让网民们做到了"人在家中坐，也知天下事"。

然而，重新换一批观众呢，如果他们中大部分是中小学生，那么他们又会喜欢浏览什么内容的视频呢？

根据多年来的市场观察经验，以及实操项目的行业背景，我们发现他们并不喜欢美食类的视频内容，而是喜欢看热门的电视剧、电影或相关的混剪视频，热门的游戏视频，娱乐圈、游戏圈的明星八卦视频，以及一些看起来稀奇古怪的小圈子爱好的视频，如二次元的文化圈子等。

所以，如果我们或公司的主业是手机游戏的话，那么我们的受众年龄段肯定是不会超过 50 岁的，甚至只是处于 15～25 岁的游戏玩家的细分领域中。

这便是我们要强调“受众的年龄段”的关键之处。

这也是所有创作者应该思考的问题。那它具体指的是什么呢？它指的就是创作者所要明白的**一定观众年龄范围与题材界限**。

受众的各平台分布

什么是受众的各平台分布呢？

实话实说，它的确是一个让外界不甚了解的神秘领域。

众所周知，每个创作者都应该有一个特长，也应该有个人对于某些社会群体，尤其是那些互联网用户的认知标准。这关系到他们的整个创作生涯是否顺畅的问题，否则他们就是一群既不成功也不得志的失意人士，也不太可能得到网民们真正的认可与大力追捧。

但很少有经历丰富的创作者。

这也间接地提高了创作者的成功门槛。

可以说，创作者经历丰富也就代表了他是一位久经沙场的常胜将军，因为从业经验是十分可贵的。倘若有名将廉颇带领团队，定然就比纸上谈兵的赵括如鱼得水。假如找不到一位较为资深的专业人士，我们又该如何应对区分真正的创作者与虚假的创作者的这一问题呢?

换言之，什么样的人才是一个合格的网络视频的创作者呢？什么样的创作者才能给我们做短视频带来实质上的帮助呢？

答案几乎是呼之欲出的，真正的创作者就是那种一直在**网上冲浪的保持原生语言形态的用户**。

那么，他们一般都在干什么呢？首先，他们是“网络原住民”；其次，他们很喜欢在互联网的信息海洋中快意畅游，是个“游泳健将”；最后，他们会不断地学习，不断地总结，茁壮成长。所以，真正的创作者是会**为了网民而真实发声**的，不然就是弄虚作假的“李鬼”。更进一步说，判定精英人才的界限又有哪些呢？什么样的人才可以称为创作者世界里的廉颇呢？其实，他们是从 21 世纪初就已经“出海航行”的冒险家，在最初的各种聊天室的文化氛围中饱受熏陶，到 BBS（网络论坛）

的“先前年代”当领军人物，再到移动端兴起之后偶尔引领潮流，然后继续在互联网的信息社会中埋头苦干，进而桃李满天下。

在多年的创作生涯中，我们的确是少之又少地能遇到那些既能区分如抖音与快手的文化基因类别，也能总结出一些如天涯论坛或贴吧用户的真实想法的同行们。这也是为什么这个行业中，“95 后”与“00 后”已然逐渐成为主流。很多创作者在经过 10 年或 20 年的磨砺之后，已然江郎才尽，销声匿迹了。

现在的“95 后”“00 后”的创作者们并不会觉得很多东西是时代的轮回，也不认为当年那些贴吧上的搞笑段子，现在依然可以拿出来一一展示，把它们拍成一个个新时代的故事，并且赋予其新时代的独有意义，写在另一种依然可以代表年轻人的文化标签上。论及一个创作者所身处的那些发展历史，永远都是“长江后浪推前浪”。久而久之，这一批永远都是以年轻人为审美主体的观众们，就会不由自主地产生疲劳感，既不希望走前辈或父母们的老路，心存叛逆、反抗，也对一切现有的创作形式感到无聊、反感；从而期待一种崭新的、变革的创作可能的出现。这也是创作者世界的一大难题。

一个真正的创作者如何才能跟当下观众并肩同行，了解他们的近况，知道内容市场的风向呢？归根结底，无论何时何地，“无中生有”

“天马行空”的想象力是创作者不可或缺的。可悖论也因此冒出来了，在创作者的眼中，勇于向前践行、引导观众审美才是自己的灵魂之举，是比挣钱本身更为重要的。这与一般投资人或老板的观念相冲突。从理财投资的角度来看，面对一个不太熟悉的新兴行业，尤其是当里面充斥着完全无法在短时间内达成共识的受众群时，投资人要学会像创作者一样思考问题，放下身段，耐心观察他们，专心研究他们，将他们当成老师父服侍，而不是对其进行随意且不负责的强烈批判，将他们的喜好当成低俗的把戏，贸然携带巨款入场，最后只会竹篮打水一场空。

举个例子，不少三四十岁的中年人觉得B站就是一个小孩才会玩的社区网站，他们获取的B站的关键信息也都是间接从自家小孩身上得到的。自然而然地，他们所理解的B站用户，只不过是一群在网上看动画片或不务正业打游戏的中小学生。这其实是一种错误的市场认知。毕竟，B站在纳斯达克敲钟上市以前，对标的是全球最大的视频网站——You Tube。也正因为很多人对B站的了解少之又少，等到我们公司报商单时，才诧异地发现这个网站上的UP主（视频博主）报价比抖音、快手或小红书等平台上的网红报价还要高几倍不止。

为什么呢？

因为B站的粉丝黏度高，用户活跃度高，社区文化氛围良好，也可以说整个平台的用户留存率高，大家都很喜欢这个网站，也乐于在这个网站上分享自己的生活，所以很多 B 站大 UP 主的商单报价数值都是他们账号粉丝量数值的 1/10 左右，甚至一个定制视频，价格都要比其他视频网站高上好几倍。抖音上粉丝量达 200 万 ~ 300 万的网红，无论他是哪个领域的，接一个普通商单，其收入少则三五万元，多则十几万元。而同样的商单需求放在 B 站的一个相同粉丝体量的 UP 主身上呢？很多都会得到 10 万 ~ 30 万元的不菲报酬。

有的 UP 主还会直接拒绝“恰”某些口碑差的厂商的“饭”。对，业内接商单也叫**“恰饭”，它**是一个较新兴的互联网术语。经常使用这个词的创作者，他们深知其背后含义是这个网红与网民打成一片了，有了不离不弃的群众基础，粉丝们并不会排斥 UP 主“恰饭”，反而有时会认为能让自己喜欢的 UP 主从网上拍视频挣钱，是一件让他们感到荣耀的事情。这些 UP 主就类似于养成系的明星偶像，前提是别**“恰烂钱”**：

即为无良厂商或公司打广告，欺骗自己的粉丝。

从 B 站创作者的故事之中，我们会得到如下结论。

并不是所有的用户都喜欢刷快节奏的抖音短视频，都能接受更接近下沉市场的快手短视频。当然，大部分抖音、快手的用户也不屑于到小红书、知乎或B站上，寻找个体上的共鸣。

站在创作者的角度来看，现今我们对全网分发的运营策略越来越失望。很多团队能做到的就是抖音观众喜欢看什么，就拍什么短视频，随即通过抖音平台首发，其他社交、视频网站分发，其间能在各大网站平台上挣到多少流量就算多少。至于其他网站的流量具体能不能变现，这个谁也无法保证。因此，每个视频网站都有一道天然的"护城河"。

现今，我们看到的是，B站的去神秘化，呈现了越来越多的热门短视频风格，短平快、去深度化的内容市场摆在观众眼前，抑或那些更擅长短视频风格的MCN机构，正在布局整个B站的用户市场，冲击着抖音、快手以外的所有平台的内容市场。这样的现状也导致了B站或其他视频网站的**短视频趋势**，以及**全国抖音风格化、全球TikTok化**。

假如我们并不是B站或抖音的重度用户，很少亲自下场观察用户们的所思所想，也没有认真研究市场的反馈数据，那么很难扭转那些视频项目的错误方向。

另外，一个真正的细分领域并不是一开始就决定了选择男性受众或女性受众，选择青少年受众或中老年受众，而是**根据整个大环境的市场动态调整团队的运营策略**。

创作者们面对的观众市场并非一成不变的。

今天的互联网正在飞速发展。

我们必须**随机应变**，才能到达一个**先知先觉**的境界。

我们可以只做一个视频网站并以其为中心点。

但我们不能每天只会刷抖音，只会与大主播们喝茶、聊天。

我们应该走出去，去外面的世界看看。

也许外面还有一个更大的惊喜呢！

我们也可以进行真正意义上的**定制方向**的全网分发。

即根据每个视频网站的用户喜好，用同一批画面素材，再加上独特的定向元素，以迎合不同视频网站的用户需求，真正做到“入乡随俗”。

如果你只是一个拍生活类 Vlog 的创作者，用手机拍视频仅仅是记录一下生活，就不需要定制素材。

此类视频的内容无外乎打造一个有强烈风格的“人设”。

前期打造好人物标签，只要够通俗化，再加上一些戏剧性与张力，倒也能水到渠成。除此之外，想要分析这些视频网站的市场的运行逻辑，从来都不是简单的事情，我们需要深入其中，从真实用户的实际观看体验入手，思考其背后的社交逻辑，而不是抖音今天火了什么，我们马上翻拍，或者直接抄袭了事。若没有下一番苦功夫，哪能练就一身真本领。

慢下来，多向平台里的老用户学习。

受众的各收入水平占比

什么是受众的各收入水平占比呢？

这是一个极度商业化的用户镜像问题。

它有点类似于“我们是找 50 个北方的大学生，还是找 50 个南方的大学生”的镜像问题。坦白来讲，北方的大学生和南方的大学生，两者之间的界限是模棱两可的。因为他们是可以兼容的，例如，南方人到北方读书，北方人去南方读书等。但南方大学生的实际个人需求不一定会是北方大学生的当务之急。受众的各收入水平占比的用户数据，对很多创作者来说并不重要，但对大部分公司来说确是至关重要的，属于头等大事。这关系到供应链背后的最终利润值。首先，原材料成本是多少？其次，生产环节支出多少？最后，最终的销售渠道的分成是多少？当然也并非一定要是高价才可以。但投入与产出必须要有一个平衡点，这样才算给了我们一颗“安心丸”，让我们看到了一个较稳定的利润方向。对消费者来说，他们也需要一个合理的商品价格体系，由此，一种建立在消费者本身基础上的具有价格指导性的内容创作体系形成了。

众所周知，普通老百姓与亿万富翁的消费理念并不相同。前者可能支付不起后者的日常生活花销，而后者也可能不太理解前者的消费理念。但并不是说，有钱人身份的粉丝越多越好。这是一个很严重的认知误区。我们做预设的初衷是为了最终的流量变现及销售转化。

例如，我们是一家百货公司，日常售卖的都是几元到几百元不等的商品，这看起来对消费者的收入水平毫无限制可言。但有的消费者爱买“牌子货”，认为贵一点无所谓，也能接受大品牌在商业口碑上的合理溢价。然而，我们的商品都是小牌子，甚至还有不少自产自销的牌子，且这些商品的质量确实是相当好的，一直在线下商铺很抢手。在这样的情况下，我们需要找什么样的受众呢？至少应该是喜欢平价商品的消费者。也有可能我们百货公司只是单纯走量，清库存，挣辛苦钱罢了。

所以，从消费主义的角度来说，我们也可以为了预测潜在的消费者市场而进行**模拟性实验**。其实，很多公司或行业都有一些相关市场反馈的消费商品的后台大数据——这个东西卖多少钱，哪类人群喜欢，这类人群的职业身份、收入水平、性别、年龄，等等，都是一目了然的。假如我是一个在一般民企上班的白领，月收入 5000 元，20 岁出头，女性，正处热恋期，那么我平时逛街时，更喜欢买什么样子的衣服呢？话说回来，为什么我们对买衣服一事如此看重？因为我们做了大量的女装，而且做的是面向一些白领阶层的通勤装，还是独立设计师的“牌子货”。如果坚持卖女装，那么我们公司的视频账号内容极大可能出现以下创意元素。

（1）买家秀与卖家秀的区别。

（2）淘宝模特的试穿。

（3）服装搭配的推荐。

（4）设计灵感的呈现。

（5）某个人创业生涯的体现。

所以，我们创作的短视频就可能带着许多文化商品或推销的属性。第一步，将衣服拍好看；第二步，挑一个气质符合这件衣服的模特；第三步，找一些相匹配的试衣场景或搭配场景。除此以外，我们还可以植入一个更生活化的场景，讲述实际的穿着感受，日常出行，并赋予衣服更宽广、更宏大的价值空间，甚至可以上升到人文主义层面。例如，拍一些家长里短的小故事，可能只需要找一个客厅或办公室，这样可以减少不必要的置景成本，随后便可以拍一些通俗易懂的主题内容，这样可以避免观众陷入无法理解的窘境，再加上更讲究服化道的优势，尤其是服饰与镜头语言的相结合，同时找一个会穿衣服的好演员和一个会搭配的设计师，创造一个强强联手的优势局面，让创作者的工作如虎添翼。我们因此也就能从此类有着一般逻辑关系的市场推测中得到一个能够养家糊口的创作方向——利用它来增加**合理的广告收入**，**消费场景的隐性广告植入**等。

节目效果

什么是节目效果？

我们之所以十分重视视频账号的节目效果，是因为它能折射出“此类账号能走多远”的文化产品生命周期的问题。节目效果与广而言之的IP 化的上限值紧密相连。互联网公司总是习惯把结果导向作为工作制度，再以大数据辅助它。而如果从结果导向再往回推的话，你就会发现——节目效果无外乎是一个项目产品的**生命周期表**罢了。我们经常说，**泛娱乐化**是一条阳光大道，它的受众更加通俗化，传播效果十分强劲，但事实上，并不是所有的创作意向都应该与之相匹配。正如同并不是每一件事我们都可以用诙谐的形式演绎出来一样。有的事情可以办得十分讨人喜欢，看起来搞笑极了；有的项目性质太严谨了，我们需要用一个客观的事实来说明它，容不得半点掺假和假设性的无边界的联想内容。同样，每种不同的视频风格也会影响观众对其的第一印象，以及后续的口碑塑造。

例如，很多做知识付费的视频账号的创作者，尤其是卖课程的专家IP账号，他们并不太愿意接受过于泛娱乐化的创作观念，因为这些观念必然会稀释他们的专业度，他们最多只能接受从专业科普等角度，挑选一些热点话题进行二次创作。如果他们已经是业内精英，就更不应该谈论那些鸡毛蒜皮的小事情，而应该将重心放在本行上，带给观众最扎实的专业内容，有一些深入浅出的创作意识，而八卦新闻的事情就交给视频营销账号倒腾吧。事实上，观众最在意的是创作者能否帮上自己的忙，哪怕是了解一下国内的医学专家或法律教授，他们各自有哪些方面的专长。况且，能够在网上认识一位好医生或著名律师，对许多人来说是一件令人高兴的事情，毕竟谁都会经历生老病死，就算自己没有一些法律困惑，身边人也会有类似的困惑。

从事传统实体行业的，也不应该放下身段刻意地讨好观众，如从事珠宝行业的，可以展示自己的加工工艺，谈论传统与创新的设计理念，而不是强行碰瓷，说某个社会热点跟自己的珠宝好看及实用与否有何关系。同理，如果营销号过分地蹭热度，只顾观众一时的情怀及兴趣点，只会当标题党，则会产生恶劣的影响，如被限流。平台方和观众无一例外都讨厌那些低质量的、无下限的视频内容。因此，要想做一个属于自己的视频账号就必须有自己的创作原则及公德底线，可以是关于品牌价值或公司的核心利益，也可以是关于个人或团队创作者的账号公关风险，无论是什么，它都要能够夯实维持长期流量变现而挣钱的新媒体渠道的基底。只有满足这一点，我们才能简化个人目标，一步步走向功成名就的道路。

例如，我是一个拍搞笑类视频的创作者，能够给观众带来欢笑，已经是件难能可贵的事情了。在这个创作基础上，创作者就不要过于苛求价值观的输出了。

当今主流的短视频时长是 1 分钟以内，哪怕是中长视频也不过 20～30 分钟。在这个快餐化的娱乐时代，我们更希望创作者秉承的创作观念中包含那些脚踏实地的拍摄方案。如一个时长 1分钟的视频，根本讲不了太多内容，所以不要拿大制作的框架出来，如果你是口播，就在摄影棚里好好念台词，不要突然间做各种转场，只拍了 1 分钟的时长，却换了七八个地方让主播或主持人讲话。应该务实一点，加入更多具有个人风格的内容，如果视频内容是搞笑的题材，就更泛娱乐化；如果视频内容是严肃的题材，就讲更专业的知识；如果视频内容是关于销售商品的，就光明正大地将营销元素安插进来，等等。从某种意义上来说，一个真正好的节目效果是能直观体现出来的。例如，观众笑了，感动了，转发了，关注你了，等等。如果他们回应了我们，用实际行动做出表示，我们就应该做一个对观众相对诚实的创作者，例如，如果我们是卖女装的，即便可以在视频中放入大量关于服装元素的内容素材，也不能为了走捷径，从服饰行业的大范围谈起，每天都在谈论各种各样的文化圈子，今天讲某个女明星的红毯首秀，明天讲广场舞大妈的穿搭配色，这些创意内容并不差，只是它们可能让我们永远实现不了想要的销售变现。又如，如果我是一个服装设计师，则可以从自己熟悉或经营的服装品牌谈起，一步步来。需要注意的是，我们不能讲太多与个人、团队、品牌，以及公司行业没有丝毫关系的内容，哪怕是夺人眼球的消息等。

假设天底下只有两条路可以让我们选择，

一条路是故弄玄虚的走捷径；

另一条路是通过堂堂正正的做生意或搞创作挣钱。如何抉择？孰轻孰重？

从多年的影视创作及视频制作的角度出发，我建议你们选务实真干，而不是选弄虚作假。少拍那些看起来空有流量而没有商业价值的视频作品，要拍与切身利益相关的内容，如此一来，我们获取而来的流量才能快速变现，实现良性循环。所以，先学会**量力而行**，学会**化繁为简**，**确定一个中心主题**，再往外延伸。

节目性质

什么又是节目性质呢？

从整个专业制作的角度来看，它一定是创作者竭尽所能定制的。但并不是所有的视频项目都必须优先考虑它，尤其是一些个人创作者的视频账号或平平无奇的小项目。那什么样的项目方案才会涉及节目性质呢？首先，这个项目方案要足够商业化，从它诞生之际，就是为背后的供应链而服务的。例如，做一个带货账号一定和做“人设”、做品牌、做系列集的账号在性质上有差异。我们也不太喜欢将它们混为一谈。

尽管至今有的人依然会认为一个用来直播带货的视频账号，也可以是一个“人设”账号、一个有着品牌标签的企业账号、一个做成系列集的剧情账号，等等。这样多元化的账号肯定是非常丰富且罕见的，除难操作以外，它毫无坏处可言。但它只是我们在给一些大客户提供解决方案时，偶尔会提上一嘴的“宏图大志”。这类账号没能做成的原因有很多。

一个是资金、人力成本的问题；另一个是项目资源匹配度过差。

在解决了项目资金、人力成本的问题以后，我们也不一定能够解决最核心的项目资源匹配度过差的问题。例如，缺少一个适合出镜的带货主播，拍摄场地的硬件条件差，无法满足系列集的影视制作的技术条件等。还有可能是公司根本就找不到最合适的 IP 人选，即一个能够与公司长期合作，甚至能稳定合伙一辈子的潜力股。毕竟，我们在投入了很多财力、人力及物力之后，不太可能再随便让那些看起来有网红潜质的新人、素人及陌生人进入公司，当成合伙人培养。

自然而然地，那种有量身定制的节目性质的，有独特的魅力、个人张力化的，有本土特色的账号就越来越少见了。但我们更希望创作者只是将视频创作当成一份工作，把拍视频及账号运营当成一种谋生手段。也好让背后投资的老板们清楚地认识到：谁说的话都不能算数，拍片子要的是“真枪实弹”，有多少钱投入其中，就可能办成多大的事情，不存在以小搏大的道理。

如果你去一家公司面试视频编导或运营的工作，有的面试官会直言不讳地说，自己希望拍一个短视频版本的《流浪地球》，甚至想有超越它的存在的可能性，顺便帮公司打造一个新 IP，最好老板娘或老板本人能出镜。这就是痴人说梦了。切记，节目性质一定是**量身定制**的。请过滤掉那些不成熟的项目灵感，哪怕是遥不可及的行业“新风口”。因为它们需要门当户对的资源，正如同一个车展需要找匹配的车模一样，我们要正视自身，知晓个人优势所在，以及公司有没有除钱财以外的资源。而量身定制则体现在对这些资源的整合上，例如，郊区做农产品的公司，有地块，可以拍一些乡土视频，就比那些只在市区上班而在乡下毫无行业资源的农业公司强无数倍。

细究起来，我们就会明白一个真理，那就是在整个创作者的世界中，从来没有过站在同一个起跑线上而人人平等的说法。能成为创作天才的都是因为老天爷追在他们背后喂饭吃，而很多项目看起来十分靠谱都是因为大公司本身的硬实力外加强强联手。

剧本格式的标准

什么是剧本格式的标准呢？

这几年来，不止一家公司或一个创作者跟我们强调好剧本和好内容的重要性。大家都认为，只要有一个好剧本，我们就离成功非常近了，准确地说，至少有60%～80%的把握了。当初我们在拍电影、电视剧时，投资人、制片人和导演也是这样强调的。在这个世界上，再也没有几个人能忽略一个好剧本的重要性了。这是一件值得我们高兴的事情。可有一个十分矛盾的地方是，根本就没有几个创作者会真正地关心剧本的质量问题，有的是因为无从下手，阅读门槛实在太高了，难以理解其文本语言；有的是因为自身基础太差，对镜头的掌握力极弱。所以，这些不合格的创作者连基本的叙事方式都不会，让他们转岗拍视频实在是太难为人了，他们的脑子里好像有一些不错的故事灵感，可难就难在把它们相对完整地呈现在观众的眼前，让人眼前一亮，直呼厉害。

这个前期、中期和后期制作的标准化或非标准化的工作流程，属实挡住了不少试图进入创作领域的初学者，**“剧本格式的标准化”**便应运而生了。兴许，老板或投资人并不需要看懂一个剧本，他们只要有一条供应链管理及销售较为完善的渠道，或者对接着一条流量变现的畅通渠道即可。从某种意义上来说，这就是分工合作。而影视行业及视频制作也鲜少需要一个集体创作的组织架构。一般短视频、中长视频生产的核心应该是永远围绕着**经济效益**的。它不会只是单纯地为艺术价值负责，或者只为观众负责，更多时候，它还要为商业价值承担各种不应有的风险。

创作者如果能利用好时间成本，就等于成功了一小半。另外，在社交方面，我们要能十分清楚地表达自己的思想，将任务目标与行动步骤、指令传达下去。而剧本格式的标准化的意义，就在于它能极好地服务于一支又一支创作及运营团队，令其高效率化。视频创作的工作从来都不复杂，我们甚至可以一边在片场构思一边着手拍摄工作，不需要打底稿，照样生产出播放量几百万次的热门视频。前提是你才华横溢，并且处于风头正劲的年纪，像早上七八点的太阳一样。当一个学富五车并且社会阅历丰富的创作者接手视频项目时，尤其是初期账号内容的搭建工作时，很多时候可能根本就谈不上写脚本，处于想到什么就拍什么的放松状态，先将几条新片子上传，等后台的数据反馈，然后慢慢地调整整个项目的初期方向。但在一支技术相对成熟的创作及运营团队中，如果彼此间均了解对应工种、前后端岗位需求及工作习惯，我们就能做到脱稿创作，或者现场无底稿的片场创作等。

所以，这才是剧本格式的标准化将会带来的巨大成果。有了标准化的格式，大家学会了，一一精通了，出好成绩了，也可以随时搁置它，再铸造一个新的辉煌。一个好的剧本格式标准就类似于一本关于初期技术细节、艺术或美学构思的工具书，而且面向的人群永远是优先创作者及团队成员本身，所以创作者要因地制宜地进行创造性工作，而不是摆形式主义的架子，只会照本宣科。

假如用一个字、一句话、一幅图画就能讲明白，就不要做 PPT，更不要开会讨论。要坚持它的原则性，维护好它的纯洁性，**为我们的拍摄而开展技术性的服务**，一个好的剧本格式标准并不是视频项目运营方案，就算到了纳斯达克敲钟上市，它也不会变成生财有道的致富经。

剧本内容的标准

接下来我们谈一谈什么是剧本内容的标准。首先，这个标准不一定是由创作者亲自制定的。有时，一个通俗易懂的剧本看起来会像一份拍

摄计划的总指南，上面会有一些关于场地的硬性要求，出镜演员的数量，大概会使用到的拍摄手法，以及需要达到什么样的画面效果，等等。不过，拿到它并不代表我们就能拍出片子来。因为剧本说来说去不过几张薄纸罢了。

例如，对剧本的字数有要求，可能是创作团队的工作习惯，有的团队并不喜欢长篇大论。对时长有要求，是因为这涉及整个团队的制作水平及运营能力，毕竟大部分新组建的制作及运营团队都难以消化一个时长较长的视频内容。一条片子的时长长了，能看完的人就少了，当整个视频的完播率下降以后，整体数据就难看了，自然而然地，离上热门的机会，甚至突然间“吸粉”上万的远大目标就显得更加遥不可及了。至于这些镜头的数量呢，与现场执行导演的能力水平相关。如果视频编导本身的基础功底就很差，甚至不知道基本的视听语言，那么无论过多转场，还是一组镜头突然间变成三四组镜头，任何创作形式上的增加，对他们来说无疑都是一场灾难。

写台词也是一样的。九成以上的视频编导，甚至大部分创作者都不会写一些较生活化的台词对白。他们充其量只会用书面语讲述一件事情的来龙去脉，能够讲出有头有尾的话语，已属不易了。在没有长期观察社会生活及普通老百姓的口头语言的基础上，具备口语化的台词功底，根本就是一件天方夜谭的事情。在这一方面，很多演员，包括大部分素人、新人演员，当他们站在镜头面前时，都是无法像正常情况下表述清晰的。毫不夸张地讲，就算忽略掉口音等原因，在没有字幕的前提下，观众极有可能听不清楚他们在画面里讲了什么，重点又在哪里，等等。所以，就算是一个相当简单的台词对白，我们也不会对这些同事有什么苛刻要求，反而会向其提供帮助，初期还会帮他们降低入手难度。在我们看来，真正务实的创作一定是一件**低门槛**却有着**肉眼可见的商业利益**的事情。前提是先给我们的创作工作制定一个标准化的内容流程。例如，不接手那些暂时拍不了，也根本就驾驭不了的题材内容；不轻易尝试在短期内难以"流量变现"的新项目，等等。这才是对剧本内容的黄金标准，要给自己**省钱**，给团队**省力**，更要让观众**省心**。

对演出、演员、拍摄、剪辑的具体风格要求

什么是对演出、演员、拍摄、剪辑的具体风格要求呢？

直到今天，我们仍然是业内少有的严格意义上对演出、演员、拍摄及剪辑的具体风格做出一定要求的创作者。这源于我们更希望它们会成为视频制作工业化的产物。我们期待在不远的将来，也许是某年某月，只要我们或任何一个人想要拍视频内容时，就能得偿所愿地找到一位专业的摄影师，挑出一位又一位心仪已久的演员，等等。这才是视频制作工业化的最大好处。成熟的技术工艺能够给行业带来诸多好处，例如，经过这几年的打拼，我们仅仅靠着自己的制作团队及背后的资源人脉，

就能解决许多当务之急——明天需要一个年轻的、漂亮的女演员，不能说一时间找出十几二十个来，至少能找到两三个救场的最佳人选，而且绝大部分都是不止合作过一两次的老演员。又如，我们到广州或深圳某地拍摄，因为在那个地方已经拍摄过好几次了，甚至近期就有过相关的摄制，所以就干脆不用再次勘景而浪费时间了。再如，我们拍一个生活类 Vlog，因为这项工作接触过无数次了，大概的内容制作流程也相当熟悉，再加上我们已积累了大量的工作经验，所以能在视频原有的内容基础上做一个创新。

不过，很多新人，尤其是没有什么才华却肯下苦功夫的创作者，初次接触视频制作时，很可能出现丢失了大局观而只着重渲染细节的创作现象。你若问他们如何看待某种演出风格，或者在片场拍摄时，演员走过来问他们这个戏要怎么演，我要干些什么，等等，他们八成是回答不上来的。因为这些创作者早期都有因灵感一闪而过就想干成大事的着急心态，根本就没有仔细规划。

可是，当进入后期制作时，他们才猛然发现自己根本剪不下去片子，竟然拍成了一堆垃圾。

确实是一不小心就拍烂了呀！

从头到尾都糟糕透了。

钱也花出去了。

时间也过去了。

还能回头吗？

不能！所以，对演出、演员、拍摄、剪辑的具体风格要求多么重要啊！

一个真正的创作者需要在视频制作中呈现何种演出风格呢？是一场让观众看了会开怀大笑的喜剧或滑稽戏，还是一部令人潸然泪下的温情剧？关于演员部分的合适人选，是找高大威猛的男演员，还是找温柔可爱的女演员？演员的戏份各有多少？对详细的年纪、气质、艺术造型和台词有什么要求？还有拍摄的方向呢？我们要用什么样的器材和录音设备？对场地是否有要求？能不能做灵活的场面调度？拍摄工作要负责完成什么样的画面任务？

从策划到拍摄，再到成片制作，创作者要有**一个主线任务**，它是**十分清晰**的，是**主旨明确**的，且创作者要在各个制作流程中坚守**严格要求其他岗位的职责**，真正做到“知行合一”。创作者少拍烂片的诀窍，就是要培养一种**事无巨细**的工作习惯。

有无故事大纲

什么才是有故事大纲呢？

基本上，每个人或多或少在一个片子开拍前，即全盘设想之初，都会涌现出一些灵感及较笼统的创作意识，哪怕它们并不现实，非常的魔幻、玄妙。所以，我们在制作每个视频的初期，都会寻找发起人或创作团队的**最初需求所在**。它可以是关于一个**梦中故事的猜想**，也可以是单纯**挣一把钱的市侩想法**。只有了解发起人或创作团队的真实想法，我们才会开始着手新项目的启动工作。这是我们的创作团队多年以来的经验之谈。很多新项目在没有接触过创作团队时，尤其是在以投资人为主的甲方阵容出现前，通常都会带着一个（总体上的）目标。大家理解之中的故事大纲应该是写在纸上的。实际上并不是这样子的，故事大纲其实是指**一个投资人或发起人的中心思想**。如果你仅仅是一个"个人创作者"，那么可以将其理解成自己的流量变现的一大方法，将发起人想象成一群拥有七情六欲的真实人类，一些善于资本运作的商人等。而基于合作共赢的商业意识，我们一定要先了解清楚**他们为什么而来，来找我们办什么样的事情**，或者**我们最初是为了什么而开始进行视频制作的**。它并不是处于混乱无序的商业环境中的。我们倒见识过各种说不出来自己究竟要干什么的甲方客户。在对接他们时，有时会因为内部观点不够统一，出现"人多嘴杂"的荒唐局面；有时会因为前期沟通过少，没有好好地静下心来，听清楚对方的需求，持有一种工作思维偏见，导致我们最终拍的片子，根本就是牛头不对马嘴的。同时，作为一个名副其实的创作者，无论说服甲方客户还是说服团队其他成员，切勿只会使用金钱及权力关系的强化捆绑的形式。因为后面还有许许多多的难关在等着我们解决，所以，大家一定要找到那些肯同心协力的友好队员，不是靠金钱收买的，也不是靠权力制裁而来的。换言之，无论甲方还是其他团队成员，真正需要的是彼此间的理解，以及一个项目落地的解决方案。而且**大部分的解决方案都不是当场想出来的**，不要逼自己做根本没办法完成的事情，从而搞砸了一个原本看起来很优质的项目。这才是要有故事大纲的原因之一，有了它，就有了强大无比的机动性。但我们仍然希望它是一份**总体上的行动参考指南**。有了它，就节约了时间成本。当创作者陷入困局时，并不需要一次又一次返工，只要拿出来故事大纲便能“迷途知返”了。当谈起故事大纲时，很多创作者都持一种敷衍了事的态度，总是一想到什么，就马上拍出来，根本就不谈内容框架。虽然有时运气来了，行情不错，几个人也能做到几百万、上千万的庞大粉丝体量，但最终他们也要面临更加棘手的转型问题。

有一个好的故事大纲就等于换了一支创作团队，换了一种演绎风格，有此基底在，只要不面临转型，创作者就不会总是束手无策，至少有一个大致框架供参考，以调整里头的组织架构，增删各式创作的内容元素等。一个好的故事大纲就像一颗救心丸，很多时候能用来“救人一命”。

其他需要补充的特殊要求

什么又是其他需要补充的特殊要求呢？

这个问题在短时间内是最难以回答的。因为它看起来是非常不起眼的，可是它又与拍视频本身紧密相连。例如，我们公司是做房地产的，这个行业不能或不便直接直播带货，但我们还是希望有一支创作及运营团队，帮我们实现真正的销售转化。又如，我们公司的商品可能在网上根本没多少人消费得起，甚至比一般的奢侈品还要小众化、成交周期非常长，以及无法通过互联网进行销售，此外，我们对观众和粉丝质量有着极其严格的要求，如果不是我们的客户，就没必要浏览这些视频内容了，因为他们参与进来以后，一定会增加后台服务人员的工作量，这可不是一件好事儿。公司和创作者多多少少都会在工作起步阶段面临各种考验，有的还会影响日后的发展规模。所以，我们要去理解这些问题——**为什么我们一定要拒绝某些明明可以涨粉引流，或者做爆款视频的巨大诱惑？其背后的原因是什么？**

在此，我们也不希望所有做直播带货的人说自己会打造出来下一个李佳琦或罗永浩。因为只会卖弄互联网术语而不懂得真正的互联网营销、运营概念的人，一定会慢慢走向失败的道路。而他们所做出的行业标杆式的成就，只是得益于创作者处在某一个时段内的做人做事的方法论而已。而这种方法论也一定不适合现今才着手视频制作的初学者，或者刚有新账号的创作者。正如同今天我们会选择拍一个生活类 Vlog 一样，我们只是一个个人创作者，是单打独斗的。又如同我们正在看一本书，也会向一些前辈们耐心学习，但不会在突然间醍醐灌顶，一夜成名。所有的成长都是需要时间的，而创作者的成长也不一定会带来世俗意义的功成名就。只有当我们认清了现实，看到几天、几个月、半年或几年以后，我们会在流媒体上挣到多少钱，换取来多大的利益时，我们的视频创作才会长久下去。从某种意义上讲，创作者只要能够率先在一个内容市场上长久地活下去，就已经是成功最大的标志了。故而，需要补充的特殊要求更可能指的是：做了一个视频账号以后，**它能给我们带来什么改变吗？**短时间内，它能不能稍微地改善我们的**经济能力**或**物质基础**。如果这些都达不成的话，那么我们就会明白这只不过是一个三分钟热度的玩意儿，不值得我们入手。拍视频应该是一个**长久之计**，不能说我们每天都会有进步与收获，但至少在每隔一段时间后或以某个时间为一个节点，我们的付出是有回报的，是逐步令人满足的，也不会总是让我们陷入低质量的创作，以及过度自我同质化的产出结构中。

总的来说，我们还是希望大家明白甲乙双方的各自需求的问题，也就是创作者要有一个可参考的市场纬度，并要有捕捉实时动态的创作意识，还要有一点商人思维。它们关乎团队及账号的后续发展，毕竟一件连创作收益都无法产生的事情，怎么可能让人持之以恒呢。这才是甲方真正的需求。而乙方需求又是什么呢？我们太渴望创作者有机会拥有一种有条有理的工作状态。他们不会处于日夜颠倒的迷糊状态中，也不用害怕自己折寿或猝死。毕竟，视频创作是一个集体创作的工作流程，特别需要一个有**决策力**的领头人，一个善于分工合作且**任人唯贤**的领导者。哪怕我们刚入行、项目刚起步，也不要操之过急，先从自己身边的资源入手，拿最简单的项目练手，顺便打磨一下自身的团队。有一支好的团队比同时拥有10个看起来能火的新人网红更有意义，也更有前途。等到我们团队的制作工艺相对成熟了，可以去批量生产网红，完成流水线作业，先不说打造大IP，至少放在一个中腰部的视频账号的范围内，还是能有一番广阔天地以施展拳脚的。不要因为害怕丢失一个看似来之不易的学习机会，而盲目地加大投资成本，拍一些看似能成爆款的视频，因为它们也可能是我们眼下根本就驾驭不了的内容，这样做不仅会让团队士气低落，也进一步伤害了创作者的自尊心，错失下一次的崛起时机。而当那些真正的本该能让自己出人头地的机会迎面而来时，我们却发现自己已然损失惨重，回天乏术了。

无论如何，我们都要学会**伺机而动**，做到随机应变。

第四节

优秀作品的要素

创作者的得分点

每一个创作者都应该对自身的作品在内容上有着高规格的、接近于完美的要求，要在心里预设一个高度，它可以是遥不可及的超高标准，用一辈子来奋斗的终极目标，从而鞭策自己慢慢成长起来。每当迷惘时，我们仰望星空，就会发现当初自己定下的宏大目标，它从未偏离过一步，因为它永远是夜空中最闪亮的星星，同时，还有来自亿万年前的光照耀了我们，也照亮了整个主创团队前进的道路。而在学会了给自己打气后，我们也要了解行业里的残酷现实。

每一个视频制作的背后都包含了 1+1＝2 的因果论。也许，它指的并不是以 KPI 为考核制度，或者以大数据的后台反馈为结果导向，而是每一个优秀的创作者都会或多或少具备的一些比普通人或外行人更方便进入创作工作的优点，哪怕只是更直观地体现在某些方面的长处。例如，拥有着一双发现美的事物的眼睛——我能察觉到她是一个非常上镜的女同事（年轻、漂亮的素人演员），特别适合出镜，抑或我找到了一位相当敬业、老到的演员，同时她也是我们办公室的保洁阿姨。

这是一个偏向于商业化的、快餐化的、碎片化的时代，从近乎垄断性质的、带着些许文化上的自我阉割的平台审核机制，到稍显幼稚的公关意识，再到并不健全的风控监督制度，最后是大型互联网平台的经济背景，对于那些更能“突出重点”的新人创作者而言，我们会给予他们更高规格的“创业的、创作的”自由度，特别是在一些经济预算较为宽松及制作周期并不紧迫的项目上。反倒是一般常规的项目，在前期，若投资者或老板只是抱着试试看的态度，我们就会更倾向于集体创作的制作模式。但有时也不一定。这取决于他们的行业经验与新项目在某种程度上是否存在一定的同步性。当创作者有了所谓的高度商业化的成功项目的亮眼业绩，有了貌似类型片的创作意识，有了长达数年为客户公司或老板们提供视频运营策略、具体问题的技术解决方案及负责相关工作的经验时，那他们当然可以凭实力来吃饭了。随着创作者的项目经验越来越丰富，他们便会慢慢地拥有更强大的个人影响力，团队成员也能被渐渐地激发出更为强烈的创作热情，进而提升团队整体上的技术水平，增加内容创作上的稳定性。

另外，从商业化的创作意识来看，永远不要把问题复杂化。身为一个视频文本的创作者，尤其是在还未摸索出属于自己的风格以前，他们会将眼光放在一些影视制作的经典作品上，并对自己、他人提出过高的技巧要求，或者仅从艺术层面考虑种种问题，而不愿意去看一看市场动态——**了解现在的观众喜欢看什么内容**。并不是不可以对自己有高要求，而是不应急于求成。回到视频制作的内容上，如果你看到了一个热门视频，播放量几百万次，随后自己分析它，拍了一个新视频，能有人家 1/3 或 1/5，甚至 1/10 的亮眼成绩，已是难能可贵的了。所以，失败并不可怕，可怕的是我们畏惧那些失败的场面，逃避现实中的种种难题。

这一经历也进一步拓宽了创作者的眼界。创作者一开始便拍了 50 部、100 部“烂片”，但他的账号是没什么数据的，或者根本找不到观众的兴趣点。渐渐地，他通过学习成长了，有的观众听到他发出的声音了，有的观众留言并转发了，后来，他的账号粉丝越来越多了，口碑做起来了，这才是业内做视频账号的常态之一。我们还要**点对点地拿分**，不要一开始就想着一定要拿出一份既能让观众满意，也令自己骄傲、自豪的成绩单。而什么又是越来越好的创作状态呢？现在我们拍的视频内容已经很搞笑了！既有美女扮丑，也有深入人心的“接地气”的台词，还有十分讲究的都市置景、专业制作的背景音乐或巧妙灵动的配乐，等等，它们每一个都是**加分点**，组合起来就是一个优秀的视频作品了。但不是所有的加分点都会同时出现在你的创作初期，所以我们首先要做的事情就是老老实实地活下去，让自己的作品经得住考验，引领社会风尚。

无论何时，我们都要**善于发掘自己的特点，培养长处**，以此来提升自己视频的**良品率**或**成功率**（第一个是指上热门或热搜的概率，第二个是指能够突破不同的社会圈层的概率）。我们也要从一个合理的制作周期的角度来逐步分析，现阶段的自己究竟更擅长的创作方向是什么，当然，这个擅长之处在前期也可能是唯一的技能点，但慢慢地，我们就会变成多才多艺的创作者，学会制造让观众满心期待的节目效果。对初学者而言，先把一个东西做好更为重要。例如，我们已对内容市场进行了分析，客户是一家做女装的公司，其优势是拥有时尚感十足的服装设计，那我们就先把衣服拍好看吧！

有时，这类初期目标也会是一成不变的。

以展示出漂亮的衣裳为核心点，以激发潜在女性观众的购买意向为目的，也就意味着所有的工作都应该围绕着它们而展开，自然而然地，如果要加入一个出镜演员，那么我们肯定要找个被称为“衣服架子”的女人才行。

那什么样的主角才适合拍摄此类视频呢？业内通常找的都是有一些工作经验的淘宝模特。我们更建议大家去寻找素人模特或身材比例好的素人演员。可事实上，仅仅加入一个美丽动人的女演员，这个账号就算成功了吗？答案是否定的，因为这也不一定真的会是加分项，得看实际的项目运转情况，用一小段时间来认证一切。因为我们可能并不希望观众更爱看女演员的脸，只热衷于追捧漂亮姑娘，而是希望观众更关注公司或品牌方的服装款式，除非做的是女演员的“人设”账号或主播账号；除非衣服质量实在太差劲了；除非突然间舆论“破圈”了，许多网民通过某个大事件的突然发酵，让我们一夜间红遍了大江南北。

事实上，在每一个账号的运营过程中，以及在出现了一个较稳定的、有规律性的内容制作周期后，很可能因为一个意外的发生，我们的幕后运营团队就被彻底地击溃。初学者在这一方面更容易吃亏。就算自己制作的内容得以“破圈”，很多时候也会伴随一些恶劣的公关危机。我们需要做的是让自己有路人缘或坚持所谓的舆论导向，从而迎来真正的转机。从根源上说，它的解决方案永远都应该是这样子的——**一定要学会真诚地表达自己的创作欲望**。当我们正处于诚心实意的创作状态中时，这要远好过一切花里胡哨的技巧。可是，为什么一直要强调公关危机呢？大部分的网红及创作者都是自带人物标签的，有时也是迫不得已的，因为很多时候他们是凭意想不到的“人设”而火的，他们只有靠莫名其妙的讨巧方式，才能讨得观众们的欢心及日后的大力支持。随之而来的问题是，无论是从艺几十年的明星，还是互联网新崛起的网红“新贵”们，他们的**“人设崩塌”**已经成了一种常态，而且是观众们，尤其是大部分的“吃瓜”群众喜闻乐见的互联网常态了。创作者“塌房”和明星“塌房”，其传播学的原理，其经济上的损失，是如出一辙的。所以，一个成熟稳重、有经验的创作者会在其项目创建之初，细心考虑“人设”或“内容基础”稳妥与否的问题。

稳妥起见，有时我们也不太爱搏一时风光。谁都希望自己的内容创作能够长期稳定下去，从而慢慢地实现一个到几个账号的创作过程，然后通过流量变现的对接渠道，将一个又一个处于风口浪尖的网红们，变成一个又一个对行业有真正意义上的影响力的人；并且引发零星的行业变革，走上一条致富之路。从长远来看，每一个创作者都应该有自己的个人追求。反过来说，很多创作者在拍视频时，都不会制订长期的任务计划，总是今天拍几条关于美妆的视频，明天又去拍解说汽车的视频。对此，我们也希望现在看到这本书的你能把自己的眼光拉得更长远，试想着有一天因为这个视频内容的创作过程而实现真正意义上的流量变现，也让身边人觉得你不只是一个拥有上万个粉丝的网红，还是一位粤菜老师傅，大家可以找你开饭馆、拜师学艺、开加盟店、拍纪录片、传承中华美食文化……

或许，你是一位专业、称职的宠物医生，我们可以找你给宠物治病、学习宠物知识、出版著作、发起一些关爱流浪小动物的公益活动、呼吁粉丝们关爱动物……

你还是一位“烧脑”剧情片的创作者，我们可以在你打造的奇异世界里产生情感上的共鸣，一部分人或许许多多的年轻人会受你的影响，甚至把某个你创作的内容变成口头禅。也正是因为你的正能量，世界才变得更加良善有序，充满希望，遍地都是那些追逐梦想的孩子们。

所以，一个人要有格局，其创作的内容也必须展现一定的人格魅力。而现在的好多官方账号、“蓝V认证”账号都是视频内容粗制滥造的营销账号，连观众也不知道这些营销账号到底有什么用。它们要么让一个“网感”不错的年轻员工批量生产一些不长久的“追风头”和“蹭热度”的视频；要么每天发一些没什么人看，也从不考虑观众实际的观看体验的视频；更没了解过泛娱乐化的一般人、普通观众，以及更垂直领域的潜在客户、消费者之间的差别。一个好的创作者应该是脚踏实地地为自己、团队或公司而服务的。打一次广告，不是仅仅为了挣一笔广告费，或者做一次直播带货，而是为了一次性地将公域流量引流到私域流量池里，一心想着快速变现、持续变现，一直以不断地变现为奋斗方向——这样做实际上只会压榨自己的受众群，并不是做生意和搞创作的长久之计。现在的短视频电商相较于传统电商有很大差别，具体如下。

短视频电商应该叫内容、兴趣电商。作为一个短视频电商，首先要有内容创作的基础，能让观众感兴趣，才能叫卖自己的商品；其次不能提供一次性的服务功能，因为做视频账号就和开店铺一样，消费者能十分清楚地知道你家小店开在几街几巷，观众也能分辨出每一个创作者的账号的不同题材与风格。一个账号运营的策略打法，就像建立一座寺庙，可以是一群和尚的画风，也可以是一群道士的画风，关键在于观众的喜好。万变不离其宗，只有让视频内容扎了根，才能堂堂正正地告诉观众和消费者，我们是不会骗他们的，我们是非常愿意了解他们的实际消费需求、实时的用户体验的，才能真正地把内容创作做成一场生意，把互联网上的流量文化变成一笔来之不易的宝贵财富。从某种意义上说，一夜成名的网红挣的都是“热钱”，谈不上稳当。但创作者不同，只要还在拍视频，为观众着想，根据市场风向做调研，再加上自己的专业技能，就能随时随地把握住发家致富的机会。

第二章

成熟的制片人

第一节

明确的需求

明白自己的方向

什么是明确的需求？

不管我们对外界的事物抱以何种看法，以及身边人、陌生人向我们投来什么样的目光，我们都不要害怕，一定要坚定不移地走下去，而能够让我们“负重前行”的一大原因是我们一直都有明确的个人需求。在这几年中，我们见过很多人做视频账号都是莽莽撞撞的，这可不是什么好现象，不少参与者、从业者都是抱着来淘金的态度，也基本上处于一问三不知的迷茫状态，稀里糊涂地拍视频、搞“人设”、开直播，到头来赔了夫人又折兵。他们只会做流量变现的白日梦而已。除此以外，还有一些人，他们莫名其妙地被某个官方平台、一些社会力量扶持或被观众捧红。当 MCN 机构急需一张属于公司的网红名片或一个头部账号的创作者时，会专门投入大额预算掀起网红风潮，让投资人对其公司发展提供大力支持。然而，事实上这些被强行捧红的网红、创作者，由于根基不稳，很快就过气了。在他们光鲜亮丽的背后隐藏着荒诞主义，他们中的很多人连当网红的感觉都未体会到或流量生意的甜头都未尝到，就糊里糊涂地退场了。他们不光浪费了钱，还白白地错失了机会——可能是他们一生之中或近五年、十年以来的唯一一次翻身当富翁的机会，同时，他们也失去了比赛资格，以及向行业、市场及观众学习成长经验的机会。这就是我们要强调要有**“明确的需求”**的关键原因！视频创作指的并不是我们今天要拍内容，明天就去运营几个账号，而是要清楚这个事情的本质，以及它能够给予我们的帮助、良性的反馈，甚至物质上、经济上的回报。

从更深的层面来讲，有的人搞创作是为了挣钱；有的人搞创作是为了在赢得更多的名气的同时，再顺便挣点钱；有的人搞创作是因为单纯的热爱且暂时并无靠它盈利、谋生的想法；有的人搞创作则完全是出于公司对其工作的硬性要求，深究下去，其属于一个日后上市必不可少的线上板块或边缘性的业务。

多种多样的创作源头不仅促使视频内容朝多元化发展，也进一步促进了整个流媒体行业的百花齐放。但是，我们到底是为了什么而拍视频、做视频账号、做运营策略呢？

无论如何，大部分创作者关注的核心是“如何才能让自己的作品产生收益”的经济问题。视频创作让创作者不仅可以获得物质上的回报，也可以得到精神上的馈赠。

我们到底是用它来升职加薪呢？

还是为公司的发展着想呢？

还是为自己以后的职业发展做铺垫呢？

一个人创业有了自己的团队，其背后也有了一整条供应链对接，当他想做线上营销的矩阵设计结构时，就可以将流媒体平台的海量用户的大数据，慢慢地转化为个人品牌、公司文化的忠实粉丝及消费者。而对这一类创作者来说，他们是有明确的需求的，同时明白自己所处的位置。

这其实是一个关于创作方向的问题，其中包含的创作意识也会影响创作者未来人生的走向。例如，我是一个背井离乡的农民工，以前在大城市的工地上搬砖，由于风餐露宿太劳累了，再加上孩子也到上学的年龄了，父母也老了许多，需要我的照顾等情况，我决定回到自己的家乡创业。但我是一个面朝黄土背朝天的农民工，文化水平也比较低，这个时候该怎么办呢？

首先，**我要了解自己的个人优势是什么**。有的人对家乡的风土人情足够了解；有的人热爱运动，经常上山下河，哪里有野果可以摘，哪里又有鱼虾可以捕，全部了然于胸。这些丰富的生活体验、地理知识便可以成为他们的创作素材。我们不应该为了拍视频而拍视频，而应该**为了挣钱而拍视频；我们也不应该为了拿平台补贴、奖励，或者依赖商业广告而存活，而应该拥有一份正当合法的职业。**对于个人发展而言，如果在可选择的前提下，我们不要当一个纯粹的创作者，不要在工作过程中脱离变现渠道而只依赖于商业广告。

例如，我是一个个体养殖户，是一个养鸡、养鸭、养鱼的农民。那我拍摄的视频内容可能大部分都是关于养殖的，小部分是关于个人日常、田园风光的。大家会喜欢看这些视频吗？我能够通过它们得到更多业内人士的青睐，获取一些新客户订单及相关行业资源吗？

其次，还要明白几个更为关键的问题：**我应该拍些什么东西？靠视频创作到底能不能挣钱？直播带货仅靠我这种文化水平较低的农民工可以做成功吗？**

人人都有疑惑不解的时刻，纵然是老江湖也不例外。只有逐个解决它们，才能确定方向，明确个人的创作需求。而从更专业的角度出发，如果我们并不了解视频制作的工作流程，那就不合适从事这个行业。如果我们只是听说人家当网红做直播挣了很多钱，就想过来试试，实际上一窍不通，也拒绝学习，并不想成为一个优秀的创作者，这种油盐不进的新人真的适合拍视频吗？答案是否定的。视频创作是要有一定的**视频制作的技术基础的**，哪怕我们上网找免费的视频教程或买几本专业教材去学习，也要懂一些**表演知识**，会做一点**节目效果**，了解一下什么叫**大众传播理论**。就算我们是农民工出身，学历也不高，当想拍承包鱼塘养鱼的视频时，至少也得有一个能展示给观众的才艺，这个才艺既可以是经验之谈，如教镜头前的观众养鱼，跟他们积极互动，让观众参与其中，也可以是其他有趣味的内容，如拍一拍有血有肉的乡下生活。甚至我们将拍摄场景布置在自家鱼塘，简简单单地钓一钓鱼，都可以延伸出无数个相关“人设”及账号运营风格来。

例如，我是一个“钓鱼佬”，天天在自家鱼塘“空军”，连一条鱼儿都钓不上来。但这并不妨碍我在视频中植入自己的**硬性广告**——卖鱼，在学习了一些视频制作的相关技术以后，我可以控制自己的画面方向，拍很多关于鱼儿的镜头，而且是看起来鲜活、肥美的大鱼，从而让观众感受到戏剧性的娱乐效果，如果观众有其他兴趣、需求，以及潜在的消费欲望，就一定会联想到创作者是一个养鱼的人。这就是一种流量变现的思路。观众想买鱼可以找创作者，只要我在视频中添加商品链接，挂着购物车，就处在电子商务的交易范围之内，或者还可以做本地批发，且 B 端和 C 端的生意皆可，主要还是看生意的规模等。另外，附近的朋友们也可以找创作者一起钓鱼，我可以组织线下活动，还可以做引流渠道的营销，等等。假设视频内容符合了新时代的主流价值观，我还会成为一位杰出的新农村青年代表人物，当然也可以上新闻报道，参加一些电视台节目，在各种晚会上演讲、领奖，为当地农村建设贡献更大的力量。因此，这就是养鱼的创作者明确的需求。在创作者的领域中，我们只有先成为创作者，才能为后面的“特殊化的职业背景”而服务。**会钓鱼的人很多，会视频创作的人却很少，当两者相结合时，**才是我们奋力地赶上这一趟时代列车的巨大意义。

第二节

充分的耐心

观察市场和用户

什么是充分的耐心呢？

学会等待并不代表我们一定要守株待兔，它虽然不是一击必胜的秘诀，但是能够帮我们去除整个时代的信息泡沫。作为一个创作者，不要随波逐流，也不要闭门造车，更不要受杂乱无章的外界信息干扰，而要细致地用心做事，做到静心而为，沉着地应对突发状况，脚踏实地。当我们连接上每一个项目中的细微环节时，才能成为真正的人生赢家。学会等待至少让我们领先业内同行一大步，而这一大步，或许就是在视频创作上的差距和大局意识。因为在大数据化的智能算法盛行的互联网时代，想要真正地了解观众的具体喜好是无比艰难的。一方面，不确定的因素过多，另一方面，信息量过载，已经泛滥成灾了，我们难以在短时间内分辨出它们的虚实。但一项又一项新技术的发明创造，助力我们解决了这个难题，让我们能够通过后台的数据反馈及部分推流追踪效果，最终确定一个视频作品在某一视频网站或流媒体平台上的传播力度。

那么，什么才是后台数据分析的底层逻辑呢？早期不要过多陷入这种假大空的议题，尤其是当我们的创作体量上不去，只有一两个视频账号时，不要过度地分析自己的作品数据，细究现有的一小部分人的个人品位。所谓形成了社会共识，如**“看完片子感觉说到心坎去了”“也令观众们都恍然大悟了”**，并不会出现在我们的创作内容中。作为新时代流媒体上的创作者，我们更应该思考为什么大家在某一时间段内喜欢上了它，而不是让大家只会盲目跟风，随便追一些热点话题。我们在很多公开的或私下的场合都说过同一句话——**哪怕简简单单的蹭热度也是一个技术活儿**。观众从来都不会排斥一些创作者参与其中，并就一个热门话题发表意见。例如，我既是一个学生，也是一个创作者，涉及学习的领域或相关的产业结构，就可以谈谈个人的想法。怕的是两者毫无关系。所以，**不要生拼硬凑**，否则会惹人嫌。又如，我是一个女性创作者，但不是一名医生，突然看见“男人肾虚怎么办”的热点话题，**我可不可以蹭流量？怎么蹭？蹭到什么程度为好？创作者的边界在哪里？能不能让原本对我的视频内容不感兴趣，但是对这个话题感兴趣的新观众间接通过我的创作意识喜欢上我呢？其中的引流效果又有多好？**这些确实是让许多创作者感到头痛的难题。其实，我们可以反过来思考，例如，我是一名男科医生，专治各种男性疑难杂症，看过那么多男性患者以后，我会发现“××病人最多”，那它就是一个关于职业背景的个人热点。随后，我创作了关于“××病人最多”的素材内容，上传到了网站，事后却发现数据很差，几乎到了无人问津的地步。在全网检索一些关键词及社会事件以后，我才知道“××病人最多”的话题早就老生常谈了，观众也就见怪不怪了。不过，我又发现大家其实更关注“治××病的方法”，而且非常喜欢“对比法”，最好带上治疗效果。那这个时候，我就该摒弃以“××病”为中心的创作思路，而是从“治疗效果”入手。**不要把所有的创作主题一概而论，意图从一个话题延伸出另一个新的话题。**当然，纯粹的医学类创作方向一向是官方平台的禁区之一，以上不过举例说明。

所以，请拒绝不劳而获的惰性思维方式，不要总想着走捷径和捞偏门，别让自己的观念永远局限于某些看似紧紧跟随潮流却早已过时的东西。在这个快节奏的社会里，我们应该静下心来，伺机而动。无论如何，作为创作者，我们应该比市场部门的业务员更懂**观众的喜好**，也应该比观众自身更了解作为一个群体在整个社会背景下的语言的“形状”，只有这样我们才能更自然、更坦诚地表达清楚**个人意向**，让大家知道一部分人或大部分人一同经历过什么样的事。尽管很多业内人士常常说：“我们要做一个行业定位，要成为一个意见领袖。”这种相当主流化的 KOL（Key Opinion Leader，关键意见领袖）及 KOC（Key Opinion Consumer，关键意义消费者）的传媒论调，似乎最利于整个传播效果。可是，并非所有的创作者都会成为纯粹的媒体人，或者将自己打造成一般意义上的网红。而且有相当一部分的创作者在把一个又一个视频内容传播出去以后，已经脱离了真正的创作者的传统职业身份，甚至光明正大地“退圈”。**不要随随便便地下定义，也不要把视频账号的创作者与媒体人捆绑**，永远锁定在影视圈、传媒圈里，因为很多人成为一个创作者，并非为一个有巨大的社会影响力的媒介机构服务的，有时不过是为了他们自己的一桩简单易学的小生意，希望增加几个刷到视频的客户，并下单，节省营销、推流的费用。所以，市场和观众也会逐步分化。有的视频内容的市场也可能是一个又一个商家与客户的小圈子，而不是广义上的公域流量导入私域流量池之后才有的个人流量池。归根结底，创作者做视频是为了打广告、做营销。不同之处在于他们打了**谁的广告？是自家的，还是帮客户打的？**这就出现了一个行业的分水岭，每一个创作者都可能走上专属于自己的道路，创作者可以是一档娱乐节目的主持人，也可以是一群只会记录自己的田园生活的农村妇女。

由于创作者身份的多样性，再加上地域环境及产业结构的先天独特性，**每一个成功者**都有着独一无二的人格魅力，**其道路都是不可复制的**，所以我们一定要善于发现**自己的优点**。例如，张三和李四都是外卖小哥，都是创作者，都是拍生活类 Vlog 的，也都生活在北京，甚至在同一个站点上班，可是由于张三性格很内向，不太爱讲话，所以他在视频中往往要突出自己的画面感，台词都没几句，自然而然地，吸引过来的观众都是爱看外卖小哥的日常生活的。而李四擅长聊天，喜欢跟镜头互动，对身边的事物有自己的看法，那喜欢看他视频的观众肯定一开始都是因为“这个人”，可能跟他是不是外卖小哥的关系并不大。有时候，职业背景也不过是创作者的工具罢了，可是初学者要想做到物尽其用往往需要大量的时间练习。我们会做怎样的视频内容，与观众想看到我们在视频中所呈现出来的节目效果，一定是互相促进的。**学会耐心等待是一件很重要的事情。**在这个信息过度碎片化的互联网时代，从事自媒体行业的我们也要有“台上一分钟，台下十年功”的觉悟。相反，纯粹的传媒人，尤其是在有大公司和官方平台的扶持背景下，则出现了 AI 算法时代的后遗症。一个视频账号在一天中发布成百上千条的视频内容，其中以新闻类、八卦类的居多，在这种高频率的更新节奏下，创作者更像是一个搬运工，要大量供应内容。其关键在于我们选择搬运的是什么？**是扩充平台内容仓库的新闻？是隐藏在背后有交易性质的行业信息？是纯粹的软文广告？还是一时兴起的无聊内容？**

第三节

优秀的创意

明确故事的卖点

什么又是优秀的创意呢？

实际的创作工作就像拳击比赛，在拳击手上台之后，双方需要打上好几个回合，才能分出输赢。即便其中一方最终失败了也并不能代表什么，拳击比赛不会因为拳击手一时的得失与遗憾而丧失魅力，所以找好故事卖点，加强人物属性，比讲 100 个有创意的故事及 500 个搞笑剧情更重要。简而言之，我们的视频要有一个**基础的故事内核**，必须让观众知道**我们是干什么的**，到底是卖服装的，还是从事其他行业的。

例如，我是一个面点师，我的故事内核会是什么呢？这个问题的答案来自大部分观众的品位，而不是因为我会做蛋糕，就要当面点师，我们的职业身份有时也可以变成**节目效果**及**背景铺垫**。先有了受众群的基础，才会延展出关于**“我们是谁”的人物主题**。那么我们到底是谁？早期答案并不重要，我们可以是真诚为观众服务的表演者，可以是大众化的个人艺术家，也可以把自己当作一件尚未完成的作品……抛开形而上的笼统概念，关于“我们是谁”这个问题，应该由观众来集体投票从而产生一个暂时性的“成功”的答案。而且，答案一定是观众**喜闻乐见**的，不可能是居高临下的人情场面。如我是某行业的一位专家教授，我的观众不是我的忠实下属，就是即将成为我的追随者的学生。我可以有**人物光环，但不能蔑视观众**。观众从来都不会在乎我们究竟是一位富可敌国的商人，还是一位桃李满天下的学者，他们在乎的是**我们究竟能给他们带来什么，我们在这个平台上有什么存在价值**。当然，在泛娱乐的传媒背景之下，能给观众带来欢乐的创作者最容易吸粉，也最吃香；既能给观众带来欢乐，也能引人深思的创作形式则最为理想化。无论基于何种流量变现、销售转化的形式，创作者只要没有违法乱纪的行为，其创作的视频内容既好玩儿，又有“干货”，肯定会受到如大明星一般的待遇了。市面上的视频创意模板是数不胜数的，可在网络上流传的大部分都是千篇一律的，就算看起来有功成名就的可能，可因在若干年前被许许多多的先行者们践行了千万遍而失去了时效性，变成了更适合放在课堂上供初学者入门学习的套路化模板，这也是为什么大多数教育培训机构的案例作品总是充斥着大量的多年前的成功案例，却少有真正前沿市场上的一手信息资料反馈。换句话说，**什么是创意**？每个人都有自己的独到见解。流媒体上的创作者的创意又是什么？它一定能**吸引观众的眼球**，不是简单的亮点，要如同一个造星工厂一般，哪怕是工业化的流水线产物，也要符合观众的**内在需求**。审美也好，审丑也罢，最关键的是**成长性**的问题。而造星工厂中的大明星指的不是某个人，而是一种**场景构造**、一种**消费观念**、一种**文化氛围**，所以，大明星的日常生活可以说是**完全开放**的，像舞台上的戏剧表演一样，观众可以评头论足。在观众看来，他们可以对李四违法乱纪不感兴趣，却无法容忍大明星的些许过错，如某网红的私下素颜只是一个普通人的平庸长相。视频创作既然要摆到光鲜亮丽的台面上讲，有舞台演出了，就需要一个**打动人心的好故事**，故事里的人物角色也得符合大部分观众的**审美标准**。作为创作者，我们之所以创作出一个面点师的人物形象，是因为观众觉得他在面板上捏的面团看起来既好看又好吃，而不是因为他拿过多少金奖银奖，从业几十年来服务过几万、几十万名消费者。虽然这些看起来都是“台下十年功”的产物，是令人信服的，但难以在短时间内跟观众一一解释清楚。至少在我们看来，一个好的创意包含了**创作者让作品走向大众的传播意识**。我们与其通过个人数据分析来证明创作者**有多厉害**，倒不如做一个系列的专题片子，一步步地讲解清楚，这样既让创作者具有辨识度，也减轻了创作者制作作品的压力。所以，**不要过度追求深度的信息整合的内容体系**。这是因为：第一，时长有限制，主流的短视频时长是 1 分钟，长视频时长也不过为 20～30 分钟；第二，绝大部分创作者都是年轻群体，整个大范围之内的受众群也是年轻的网民群体，大家都缺乏一定的人生阅历，相关知识也较匮乏，同时他们勇于挑战权威、自我革命，尝试多于总结，试错多于成就；第三，画面内容的局限性，许多人仅把网络视频当作**娱乐消遣**的工具。也不是说创作者不可以挑战观众的底线，颠覆整个行业，实现行业变革的人生使命。但许多创业者**才华有限**，也谈不上老天爷赏饭吃，只是刚好搭上了网络视频的时代快车，随后的几年间就在观众视野中消失了。有人说，他们不过是江郎才尽了。作为过来人及业内老前辈，在经历了那么多跌宕起伏的项目以后，我们仍然没办法接受这样的事实——因为网络视频创作确实**门槛较低**，当今的视频作品中有很大部分与百年前电影萌芽期的产物诸如《火车进站》《工厂下班》差不多。可当一个新兴产业刚要蓬勃发展时，大部分的网络视频创作者们，无一例外都江郎才尽了。有的网民喜欢喊**“他们没活了”“打火机都咬不动了”**。这个创作者“死了”“没活了”，被时代的浪潮打趴在地了，连当初围在身旁摇旗呐喊的粉丝都离开了。可是**为什么他们都“死了”？针对这个问题谁能来给我们一个准确的答案呢？**由此可见，在这个日新月异的互联网信息时代，流媒体上的创作者的生死存亡，与观众的审美品位的变化密切相关。当有了观众的大力支持时，一条咸鱼也能翻身。而创意又来自哪里呢？**创意是一股无中生有的力量**，也是见仁见智的产物。例如，面对出门逛街这个情景，有的创作者的灵感是情侣要分手了，有的创作者联想到的则是打工人的辛酸体会，也有的创作者根本无法联想到什么，认为只不过是人们正常的吃饭、看电影，然后就回家了。第三种几乎是所有创作者创作的常态。而灵感也好，创意内容也罢，都是我们**日积月累的生活底蕴**。它们也许会让我们一鸣惊人，也可能姗姗来迟，使人大器晚成。可是流媒体上的创业者们，尤其是在一个秩序日渐健全的视频运营体系下，很多时候拍片子如同学生交作业一样，不一定要每天都交一次，可至少也得随时做好观众突击检查的心理准备。所以工程就紧迫了，很多创作者都是上午有了灵感，中午或下午拍出素材，再花几分钟或一两个小时粗剪或精剪出来，到晚上就完成了日常更新。当处在灵感几乎枯竭了的创作周期，大部分创作者只能**老调重弹**，或者**原地踏步**。当处于**互相学习**又**互相进步**的成长阶段，很多创作者甚至没有真正意义上的创作，因为他们连创作能力都没有，更别提有文本意识了。大部分拍生活类 Vlog 的创作者们连叙述个人的日常生活都觉得无比艰难，从记录自己每天的生活琐事，到每个月、每年创作同质化的素材内容，再到记录抽象化的“变形记”生活……这一切都说明了一个核心问题——**当创作者失去了才华而空有意识时，就如同脱缰的野马一般，不受控制了**。虽说人生如戏，可是戏如人生的生活常态却很难实现，尤其是要拍出来，并且得到观众的认可，就如同拍一部上万集的连续剧一样，创作者一直持续更新，可要想让观众持续观看却很难。因为观众并**不是爱看所有的表演形式**，而是**关心身边人的故事**。事实上，一个好的故事来源是可以进行**美化**的，也可以做**艺术加工**，但创作者不能只会胡说八道，哪怕是在胡说八道，也要有一套藏在胡说八道的背后的逻辑。

它会是一种黑色幽默吗？

是在反讽吗？

是后现代主义吗？

是解构吗？

放弃那些不能持续地获得观众良性反馈的素材内容，这样才能凸显出创作者的本意，即创作者一句话也不用说，观众却在讨论、持续关注着。创作者要与观众建立**亲密无间的默契关系**，而不是对观众进行说教、驯化。一个才华出众的创作者应该是活在百万名观众中的一分子，写自己想写的故事，拍与时代或自己相关的片子。创作者与观众的共鸣来自共同的生活体验，视频创作也应该从老百姓的衣食住行入手。

第四节

“精分”地叙事

冷静地进行创作

什么是“精分”地叙事呢？

我们在创作之中要意识到事件的轻重缓急，最好设置一个事件的重要级别。因为观众并不在意视频是否又出现了新的故事情节，他们在意的是结果本身，即这个故事是好笑的，还是悲伤的。如果是悲伤的，观众就一定要在电影院里痛哭流涕吗？

不！

去不去电影院无关紧要，好笑才重要，请忽略掉不好笑的视频内容，不然该悲伤的就是创作者了。事实上，一个看起来毛毛躁躁的新人会慢慢地成为一个成熟稳重的创作者，甚至到后期会发展成为一位专业制作领域里的“暴君”。在多年的剧组生涯中，我们接触过不少大导演，他们总是摆出一副咄咄逼人的自信姿势，犹如剧组里的定海神针，纵然天塌地陷了，只要他们还在片场站着，就仍有一线生机。**为什么一定要强调“精分”地叙事呢？**大部分的创作者都会逐渐意识到应该主宰由自己及他人集体创作而出的新世界的主权。而片子拍多了，创作者自然就有了个人魅力，也就习惯成自然了，很多东西不用特意提前准备；再加上，在拥有了一支合作默契的制作班底以后，他们会加快整个前、中、后期制作及运营变现或营销的进程。**学会冷静且真诚地处理各种剧组事务，以及沉稳地控制项目组周期是许多初学者的必经之路。**很多人都说这个行业其实并不缺钱，因为近几年来，这个行业造就了太多的财富神话。这种说法当然不可当真，可从侧面来看，与创作者合作以后，我们仍能感觉到视频的制作费用是充足的。然而，**有钱不一定就能使鬼推磨**，在创意、人才挖掘与技术进步的层面，并不是我们想当然地投入了大笔资金以后，就能立竿见影，明天可以出效果，后天能一炮而红。小成本制作，甚至零成本制作，是许多草根创作者与年轻制作人的一大起点。坦白讲，在业内我们也并不是一定要大投入、大制作，因为大制作往往也意味着高风险，我们也可能赔得血本无归。可是，这个行业发展得太快了，人才储备根本就无法匹配到位，很多大项目或头部账号的整体统筹规划工作都是在同时间内使用着同一批幕后团队的，例如，在一些 MCN 机构里，一个人或几个人在后台同时打理着几个、几十个，甚至上百个有几万到几百万个粉丝的视频账号。这在早期的网络视频市场很常见，有的 MCN 机构很多人是身兼数职的，有的 MCN 机构连一支健全、完善的创作团队都没有，里面的员工全都是艺人经纪出身，只会不断地签约那些网红创作者与主播等，有的 MCN 机构则更夸张了，就是一个空壳。但这也并不妨碍这些 MCN 机构在早些年间挖掘到了不少的好苗子。在当年，找到一个未来一两年内突然间涨粉几百万的网红创作者或带货上千万元流水的主播还是比较容易的。现今，那个混乱无序的时代过去了，尽管行业仍然在野蛮生长，且由于过度商业化的催熟结果，签约网红创作者也好，培养自己的人手也罢，都成了一件必须**要有一定的肉眼可见的资金投入才会产生真正的经济效益**的事情。而从创作者的角度来看，**创作是可以谈钱的吗？谁又能保证用 10 万元或 100 万元的预算就能帮投资者挣回 100%，甚至更高的回报率？在给公司或自己当网红涨了 100 万或 500 万个粉丝以后，我们又该如何将互联网流量变现最大化呢？**诸多疑问在一开始便摆在了创作者的面前。所以，创作工作就会变得越来越高强度，且复杂多变，稍不注意，视频账号的数据就会不佳，公司高层也会缩减人员开支，原本一个萝卜一个坑的创作团队也就不再分工合作、各司其职，而是身兼数职，纵然是自己的事业，我们的表现也会因为最近后台的数据反馈一落千丈，合作商家或广告商也会停止与我们的经济往来，在收入大幅下降以后，我们也不得不断臂求生。实际上，在多年的创作理念中，我们从来不会有要花多少钱才能办成某件事情的想法，除非甲方总是无限制地拔高摄制组的技术门槛，总是莫名其妙地增加预算，例如，原先只要求请 2 位演员，却临时通知再增加 20 位群演，以彰显公司的气派。又如在随便租一个几百元一天的公寓就能置景的情况下，甲方硬生生地加入了一条超过预算好几倍的置景要求，还要求得在一个星期内搭好一个新的摄影棚。**视频创作并非一个有钱人的游戏，而是一个点石成金的游戏，不过点的是江湖里的金子罢了。**这个行业从来不缺少有奇思妙想的草根创作者。相较于先谈预算背后的风险管理，我们更倾向于创作者应该想清楚**自己的创意是否能够延续下去**，让突如其来的灵感真正地变成**完整的故事内核**，可以拍摄 1 分钟或几分钟以上，有时最好要有**系列剧的剧情构造**。

在专心讲故事这方面，我们仍然认为不必先去加入太多物质层面的设计形式，如拍这个片子要花多少钱，请几个演员，需要多少个场景，周期有多长，视频上线以后几时能盈利，等等。我们一定要**脚踏实地地搞创作**，一步步构思清楚，先记在本子上，然后逐条列出来。**创作也是可以省钱的。**有的省钱方法是尽量控制预算，这在许多大导演身上很常见，因为他们经手过诸多影视项目，也十分了解高度分工合作下的影视制作流程。有的省钱方法则必须考验创作者的**商业眼光**，创作者要纯粹地迎合当下的观众的意愿，如加入一些耳熟能详的台词或致敬经典作品等。现在很多创作者的省钱方法是极为粗暴的，也是相当随波逐流的，这反而加重了整个制作组的焦虑不安的合作氛围，如同无源之水、无本之木。起初，当某个视频内容上热门了，创作者们就一窝蜂地抄袭，从国内借鉴到国外，不少创作者靠着类似“戏仿”“二次创作”的形式，赚到了人生的第一桶金。当然到最后，他们只能自食其果。毕竟在业内有越来越多的新人涌入其中之后，能抄的作业也越来越少，竞争也随之越来越激烈，有的创作者实在无能为力，只得转行，也有的创作者不死心，仍在苟延残喘。所以，创作者面临着里里外外的诸多难题。这个时候，能够**独立思考**，拥有**自主创作**的能力，就显得难能可贵了。几乎每个流媒体上的创作者都曾有过焦虑和不安，但能成功的创作者基本上都在冷静地处理着业内所发生的一切事情。**创作是一件既能够影响创作者自己，也能够影响百万名观众的事情。**当我们从职业背景的角度出发，挑选任何一个项目组的负责人或领导者时，需要考虑以下几点。首先，他要**才华横溢**，其次，他要储备一些**基础知识**，受过**技术训练**，能够驾驭得住自己的创作团队，最后，他的**头脑要灵活**，能够有条不紊地进行个人的创作工作，每当需要团队中任何一名成员配合工作时，他都会给予一个指导方向，并且最终负责验收自己与他人的合作成果。除此以外，许多影视导演并不太需要去考虑商业化的创作环境问题，可以专心致志地进行自己的艺术创作工作。而视频账号的创作者既需要考虑**创意内容的方位走向**，也得担忧商业活动中的**流量转化**问题，所以，较为综合性的学习技能有利于改善草根创作者的生存空间。

事实上，大家对于一个成功者的形象标准是异化的，不够客观且无太多的现实意义，而真正的创作者是一个既要操心艺术创作，也要管理商业活动的人，故而他们产生的**负面情绪较多**。业内的商业奇才很少，能独自搞定创作工作的，已经是比较出色的制作人，可是生意场上的大起大落乃是常态，也就导致了创作者经常处于惶恐不安的状态中。另外，由于业内出现了过度商业化现象，一些创意工作变得越来越无聊、呆板。老板们的谈判桌上摆着的不是这个故事拍出来以后，会得到多少人的认同，而是近来流行什么，那就按部就班地用流水线模式制作出来，最后呈现出来的却背离了观众的审美品位，有的作品一出来就过时了，有的作品因为种种标准低下而直接变成了劣质品。同时，又有诸多团队在一个又一个暂无分类的内容赛道里恶性竞争，造成了淘汰率居高不下的形势，这既使一部分原本对作品感兴趣的观众产生反感，也加速摧毁了一个新生内容。诸多行业乱象使创作者们陷入一个又一个失语窘境，而他们也并不是总能进入商业决策者的圈子，那些真正以创作者为核心的运营团队少有出现，甚至有不少原本能在商业模式与创作意识间维持平衡的创作者也会因为各种风吹草动而自甘堕落。令人难以想象的是，视频账号的创作者所要面对的压力其实是空前巨大的，再加上在互联网信息平台的快节奏影响下，少有创作者能够抽身事外，对网上的信息或负面情绪置之不理。毕竟，**绝大多数的创作者都是寄居于互联网上的，他们的媒介属性使自己杜绝了脱离互联网缔造的信息帝国的可能性**。从更深层面讲，一个视频账号的创作者本身就是一个互联网时代下的投射面，尽管在这个世界上有千千万万个投射面。可是在手机这个小小的移动终端面前，当从后现代的文化属性的意义上论及时，哪怕是那些仍以边缘地带为中心的语言形式，它们逃得再远，跑得再快，也无处可藏，因为它们就是这个称之为“互联网”的虚拟世界里的实体化经济中的一个环节，它们也是众多网民们的情绪信号。

第三章

前期（筹备期）

第一节

组建团队

团队协作，利大于弊

组建团队有什么好处吗？当然有好处。因为团队是较稳定的组织结构，可提供支撑点，最大限度地避免人员流失率过高带来的影响，同时，团队也能**帮助创作者自身创造无限的可能性**。而从公司投资层面考虑，一个创作者离开了他的团队，至少在短时间内，就如同鱼儿没了水一般。

什么是团队？在 21 世纪，什么东西是最昂贵的？有的人回答是眼光，是时间成本；有的人则说是人才，是专业人士。当然，还有各种其他回答，如资本运作、政策关系等。组建团队之所以是头等大事，是因为没有人手就做不成任何事。创作的确是一件**看起来十分抽象的事情**。但这并不代表创作是脱离现实的——没有一个可实施的工作场景或可实现的技术基础，创作的关键在于人才的培养机制。不论挑选演职人员，还是幕后运营、技术搭建及艺术创作等早期准备工作，甚至测试项目或制作互联网营销的内容模型，我们都要率先完成一支基础岗位团队的创建工作，并且其中必须有一个真正意义上的创作型的领导者。作为一个面向大众市场并且创作的作品大部分是通俗作品的创作团队，其灵魂人物既可以是一个擅长创作的人，也可以是一支擅长视频制作的专业团队。

团队的优势并不一定只集中表现在创作者的身上，不然的话，团队只能靠一时运气出作品了，这必然是非常渺茫的，而且会浪费我们的时间。但强调要有一个灵魂人物，比强调拥有一支分工合作、机制健全的创作团队来得更为轻松一点。况且，不了解互联网、不懂得内容创作的新手们，如果永远持一种不愿意学习的态度，就不要接触这个看起来是大势所趋的新兴行业。学会尊重创作者，也就是要学会理解自己的那一股“无中生有”的力量。我们**应该把每一个白日梦投射到自己的创作项目上，而不是投入盲目的市场动态中**。我们可以写一个自己喜欢或大家都喜欢的故事，但不要以为这样的故事在拍完之后就一定能挣到 500 万元或 1000 万元。在这样的故事中，主角永远都是我们自己，观众或消费者则成了我们必经之路上的见证者。我们要把想象力运用在内容创作上和自己对团队建设的意见之中，不要运用在存在激烈竞争的市场之中，也不要总是给自己或团队成员过大的压力。一个创作团队首先要应对的是**内容制作的压力**，而其他事物的压力，如资金压力、管理团队的压力等，实际上都应该由投资人与领导者来应对。大家经常犯的错误是将一支创作团队当成了纯粹的销售团队，因此一些有先见之明的 MCN 机构或制作公司会将内容制作与营销、运营及变现等相关板块独立出来。拍片子的只负责艺术创作，赢得观众喜爱，让视频有更多机会上热搜、网站首页，实现真正意义上的“破圈”。而负责运营、营销的，他们的工作内容一定会与大数据分析及销售、商务、市场有关，这些人才是真正要通过内容创作为公司及创作者创造收益的。如果我们要面试一个应聘短视频运营岗位的人员，或者一个带货主播，却不关心他们的销售能力、市场眼光如何，就极其愚蠢了。可是对于短视频编剧、执行导演、摄影师、剪辑师等创作者，我们则要区别对待，至少我们不能很直接地问他们：这个片子拍完以后能挣到多少钱？片子的内容质量和口碑怎么样？观众到底是喜欢它，还是不喜欢它？剧本写得很差，观众看不懂，这是编剧的责任；拍出来的画面很糟糕，审美缺失，这是摄影师的责任；成片一塌糊涂，甚至还有几个错别字，这是剪辑师的责任；这种题材不够吸引人，大家连点进去观看的欲望都没有，这是导演的责任；演得太假了，连一些基本表情都做不出来，这是演员的责任……

只要我们足够专业，细心学习，渐渐地就会发现一些创作内容的问题出在哪里，并具体到一些人或一个群体上，而不是兴师动众，召开集体大会，让各部门过来挨训，并且期望其中有幸运儿能帮我们解决眼下的“心头大患”。与此同时，经过细致分工以后，具体问题只会关系到具体个人或同一工作性质的成员，而不会出现各部门、各岗位之间的互相扯皮，甚至各负责人之间互相踢皮球的荒唐场面。不过，组建团队也就意味着用工成本增加了。如果放在 2017 年或 2018 年，在内容创作这方面，我们的确有很大概率来实现以小搏大的美好结果，也常常会出现一些草根创作者或单打独斗的优秀人物。随着社会的发展，尤其是在 2022 年以后，仍然在坚持一个人进行内容创作的视频账号越来越少了。当然，要除去一些特殊的类型，如生活类 Vlog 账号，或者坚持了好几年并且能全权负责前、中、后期制作，也能对接商务或亲近市场的个人视频账号，一些公司因贪图便宜而随便找了一个实习生打杂的项目，等等。绝大部分视频创作者虽声称仍在坚持个人创作，初心不改，哪怕从一开始他们就在个人账号的简介上写着没有“团队”“自己瞎玩的”“开心就好”等，但都有幕后团队介入，甚至有些已经换过好几批创作团队了。所以，团队成员分工合作既可以**形成自己的创作体系**，当一个新团队接手时，也可以对自己的项目运作成本有一个清晰的认识，毕竟多招聘一个人，就要增加一份人力支出，与此同时，风险性也就增加了不少。

对于视频制作而言，内容制作的基础就是资金流，而人多力量大的好处仅体现在分工合作上。抛开过于消耗个体生活价值的 Vlog，当今社会只有极少部分的内容创作是适合一个人的。从某种程度上来说，这些内容的创作者可谓全才或综合性的精英人物。而 Vlog 的内容创作则更多体现在某种社会现象、群体属性及情感共鸣上。理论上，谁都可以拍视频，用手机记录自己的日常生活。例如，我是一个送外卖的小哥，在拍摄短视频时，可以拍出一种田园风光，展现农村人的生活日常，也可以拍出都市质感，呈现城里人生活的点点滴滴。关键问题是短视频的节目效果如何，作品本身是否符合整个社会的传播逻辑。又如，他也是一个送外卖的小哥，他的相貌可能是较出众的，同样的题材内容用在他的身上时，会引发观众的诸多质疑……对于大部分的 Vlog 的创作者来说，应该给生活来一点艺术加工，拍摄观众理解中的职业生活，将自己的生活搬到舞台上，并且让身边人配合工作，无时无刻不在“直播”这个人的日常，使观众将注意力集中在虚构的人物设定当中。毕竟，引发一个陌生人的好奇心是相当重要的。假设创作者能够让观众对视频内容感兴趣，那不就是某种意义上的偶像崇拜吗？这也是很多业内人士为何总是在强调 KOL、KOC 与互联网的精神领袖、垂直领域中的意见领袖的意义。

第二节

主创团队的权责

互相帮助而不是互相约束

1. 剧本

什么是剧本？

从某种意义上来说，没有剧本的话，我们根本就做不成任何事情。哪怕这个剧本只存留在创作者的大脑中，只要创作者有创作文本的意识，它就会出现在人们的面前。我们通过讲一个好听、动人的故事或拍一个好看、立体的人物，引起大家的共鸣，随之把一部分观众转变成自己的支持者，这些观众会用实际行动支持我们的创作工作，花费一些或一大笔钱财，完成他们寄托情感的交易任务，这就是文化商品的属性之一，也是一种付费意识。有些创作者特别喜欢将内容制作做数据化处理，过于夸大流量投放、运营策略的功劳，自认为已站在新兴行业的风口上，随便从树林里捉几头野猪出来，就能一起站在风口上起飞了。的确，第一个吃螃蟹的人可能就是这样缔造了一个属于自己与大时代的传奇，但后来者不一定也能如法炮制。可是，仍有越来越多的人钻进树林里捉野猪，渐渐地树林里的同行太多了，有的人则开始思考，是不是也可以到其他地方捉野猪呢？是不是可以站在一个风口上眺望，寻找到一支捉野猪的猎人队伍呢？有的人则开始思索，是不是也可以试试找找其他的动物？可以制造一个想象出来的 UFO 吗？如果在多个光年以外的风之星系里，遍地都是野猪，那么这是不是也可以成为制造风口的原材料呢？这才是第一个吃螃蟹的人应走的“致富之路”，而不是每天都在研究野猪的毛色、重量等，这对下一次站在风口上起飞是毫无用处的。而剧本就有点儿类似于这些事物的形成过程。剧本大多来自创作者的灵感，它可能是触景生情的，可能是日积月累的，可能是突如其来的，也可能是创作者与生俱来的本能意识，等等。结合我们多年来的制作经验，一个剧本的精髓之处就在于它的文本结构及语言形态的功能性转换。而标准的剧本格式也类似于一部工具书或指导手册，有时也可看作是一本工作日记，而且是关于未来的可能性的理想化的构图。剧本对主创团队尤为重要的原因在于，它总能在大家发生一些大范围的、无用的激烈争吵或爆发了大规模的冲突时，及时将所有人拉回主任务线上，让大家都清楚地认识到自己是在拍一部关于什么内容的片子，应该做出怎样的视听效果，而不是让大家回到最初的起草项目方案的节点，考虑“做什么才好”的问题上。所以，要把**剧本摆在首位**。除非有特殊情况，有不可抗力的因素出现或创作思路发生转变，不然任何事情都不能破坏剧本的完整性及核心思想。改剧本的情况经常出现在开拍前或拍的过程中，拍完以后创作者就很少再动笔了。基于多年来的创作习惯，大部分创作者都喜欢在开拍前将剧本尽可能地完善好，而将边拍边改的方式用在视频制作上，这在很多互联网的艺术家眼中是另一个工种的二次创作的能力体现。也就是说，很多边拍边改完成的优秀剧本，都是导演的功劳，哪怕这个导演也参与了初期的剧本创作工作，甚至就是自编自导的。从某种意义上来说，演员对剧本创作工作的贡献较少，尤其在视频的创作上。一个表演体系的形成，无论出自何种流派，是方法论，还是体验法，靠的都是演员真实的内心体验，他们可以将一个角色演得活灵活现，如同真实感人的人生故事。可是，纯粹的文体创作语言则不同，它最多能完成语言的功能性的传达。但影视文体的创作工作是综合性的，台词对白肯定是口语化的表达形态，因为承接它的是演员群体，而叙事是书面语言的体现，也是口语化的进阶版。对于创作本身而言，只有先有了口头表达，才能出现文字的记录功能。所以，人类只有先学会如何讲话，才能形成自己的语言体系，进而创造自己的文字语言。有的创作者急功近利，只想知道写什么样的剧本，才能在拍出来以后得到100万名或1000万名观众的喜欢，而不是认真地思考当下面临的难题。例如，我经营着一个化妆品公司，却根本不了解女性消费者经常浏览什么类型的网络平台、关注什么样的话题、平常的生活习惯又是什么等。在各种终极问题面前，很多人希望有智者先给予自己一个永恒的答案，然后埋头苦干。关于剧本，我们自己也认认真真地思考过好长一段时间，经历过漫长的挣扎阶段，最后，要么自己精心制造出来的创作模式被时代浪潮淘汰了，要么由于过于严格化的内容生产体系，自己的灵感枯竭了。

那剧本应该怎么写？

我们应先从自己的**生活体验**出发，然后通过观察**整个人类社会而有所得有所思**，进而完成剧本创作。要抓住一个点，如有一种可以让美梦成真的东西，有一位美女演员，有一种理想化的生活环境，有一个光鲜亮丽的职业背景，有某种诉说欲望或叙事结构，等等。写剧本往往最可怕的是将重心放错了位置。例如，做一个老板的IP，我们可以通过将这个老板打造成大网红或大主播，利用其影响力推出一个公司品牌。可实际上，这个老板可能存在根本不够一个IP初始人资格的问题，如无表演能力、无外形优势、无可以同背后的产业链相结合的长处、无资本运作下的人设打造的制作条件等。

那什么样的老板才适合做IP呢？首先，他得是一个**演员**，至少要有做演员的基本条件，能够适应舞台前的表演体系，也知道该如何扮演讨人喜爱的人物角色，甚至当站在不同的受众群的立场上发声时，能阐述出不同的人物观点、输出正能量的价值观等。其次，他可以以自我为中心，但不能过于自信，至少在生活上不能太狂妄，不能以为自己有了老板光环后，就能直接通过人设包装马上成为一个网红，自己的公司可以即刻上市敲钟，成为营销概念上的网红第一股。所以，大部分的老板都不合适当网红、做自己的 IP。网红不是销售业务员，有时，他们会腼腆、胆怯，但依然可以得到观众们的大力认可。正如大部分人都无法克服自己面对镜头的恐惧感一样，无法在众多观众面前表现得从容自如。戏剧的确是假的，剧本的确是虚构出来的，但有的观众认为它们一定是基于某时某地曾经发生过的一个事实而创作出来的，并对它们体现出来的真实的部分价值表示认同。而长期活跃在舞台上的表演者，也需要塑造一个自圆其说的价值体系。用网络话语来说，很多爆红的创作者或演员都无法承受突如其来的，甚至成规模化的舆论冲击。只要是稍有粉丝体量或才能出众的创作者，就一定会活在舆论风暴中。互联网上的创作者根本无法避免舆论的压力，哪怕只是几条简简单单的差评。因为这些舆论是整个互联网的信息社会的基石，是自由发声的一部分。总而言之，互联网上的创作者都是**为了观众而诞生**的。极少数为了自我而创作的艺术家，更多处于边缘地带，或者谈不上通过创作这件事情挣钱，所以他们不在我们的讨论范围内。

既然视频制作的根本是**受众群的结构问题**，而且绝大部分依赖于经济贸易的推动，那么拍摄出来的题材内容就具有**广告性质**。不管这个广告是给商家打的，还是为了自己的品牌在相关垂直的行业影响力打的，无外乎是希望加大传播力度，尽可能让更多人清晰地认识到**“我们到底是谁”**。

2. 制作

制作是具有延续性和规则性的，是一种逐渐倾向打造自我的内容体系的创作意识，而且不是纯粹的表意现象。也就是制作能够通过物质层面来表达，其技术标准可量化，涉及创造事物的本质问题。而一般人所理解的“制作”又是什么呢？一般人认为制作是一个关于视频项目的落地执行的问题，如许多人常常会忽略的制作周期。有了剧本以后，想要视频账号初步成形，我们就要舍弃那些小作坊，以及所谓家庭企业的管理方法。策划方向耳听为虚、眼见为实，而且当到了后期的制作工作时，很多人会发现一个影响自身命脉的重大问题——自己并不适合搞创作工作，团队好像也不应该开展内容制作的项目。我们为什么会有这样的挫败感呢？可能是因为创作的门槛进一步提高了，同行或竞品账号也越来越好了。也可能是因为我们从来没有看到真正意义上的后台数据反馈上的成功纪录，拍出来的视频没有上过热门，甚至小热门，一直得不到观众的青睐。虽然我们的视频账号在某个平台有着几十万、上百万或上千万个粉丝的体量，但我们就是不能靠它挣到一笔能稳定维持日常生活支出的费用，尽管它在早期满足了制作团队的基本物质需求。所以，制作周期一定是**功利性**的，它的功利性与我们在做一个视频时项目团队配置多少人没有多大关系，而与**制作成本有关**。其核心在于我们做出种种决策都不能忽视其中的经济效益。我们可以组建一支 50 人或 100 人以上的团队，也可以从大公司、大型 MCN 机构或某些业内远近闻名的大项目中寻找一些有名望、有本事的管理型人才。但做出种种决策都源于同一个目的，一个实事求是的目的，我们可以用如下一套或许观众们不太熟悉，但从创业或项目成本角度必须重视的语言体系来表示。

今天能不能挣钱？明天能不能继续挣钱？今天能挣到多少？明天又能挣到多少？如果今天或明天不能挣到钱，什么时候才可能挣到钱？今天不能挣到钱又能收获什么？这些收获能不能帮我们在未来挣到钱呢？归根结底，我们只是出身平凡的普通人，没有大网红的背景，没有大主播的资源，供应链也很差，或者根本就没有，更谈不上有机会能够实现“弯道超车”。我们只能换道，走出一条属于自己的、独特的、具有经济效益的，靠山吃山、靠水吃水的文化基因的创作道路。走上这条道路绝不可能靠大家成天坐在一起，讨论“短视频的未来是什么”。一个创作者在成功的同时，并不会成就中国十几亿人或全球几十亿人的共同富裕。能够满足一部分人的幻想及抚慰他们的心灵，这已经是很多创作者的奋斗目标了，所以关于“挣不挣钱”这件事情，谁也没办法给出肯定的答案。相反，我们之所以强调工业化的分工合作，是因为在资本强势介入的行业背景下，一个看起来不太明朗的，涨粉缓慢到连一些素人自拍的热度都比不过，永远也找不到客户、广告商与消费者的不挣钱的项目，就不应该被继续下去。这种否定性情况，通常发生在一些看起来像是创作者实际上不是创作者的人身上。搞创作是可以挣到钱的，有的创作者可能很容易就博得了一大批观众的欢心，得到他们的认可。这么多年来，我们见过不少同行在融入了自由开放的文化氛围中以后，就会变得极具攻击性，偶尔又会异常敏感，极具脆弱性，同时，无法认识到个人的无知。事实上，他们只不过是初尝到甜头的初学者罢了，还未迈过创作者的门槛，他们把对自我的批判变成了对观众的批判，把对市场的批判变成了对整个行业及社会现象的强烈抨击。自然而然地，他们从一开始时就学不会自我创作，无法融入集体创作的文化氛围中，接触不到一个日渐完善的市场体系。

我们运营视频账号，通常根据得到的观众的真实评价调整自己的创作模式，以更好地适应整个市场变化。可我们依旧会产生疑问：为什么观众不明白我们在视频内容里的良苦用心？久而久之，同事和老板也不再看好我们了。不得不强调的一点是，创作者被观众孤立确实是现在做视频账号的问题所在。许多不得志、无法获得一时成功、不能“上位”的创作者，总是持一种错位的极端思想。而这种思想正是他们不能成功的原因，他们中大部分都是不合格的创作者，这种不合格的衡量标准，指的并不是商业模式的失败，而是他们难以被消费者或广告市场所接受，没办法将自身的创作才华转换成文化商品。有的人的才华可能就是有限的，根本就难以长期输出自己的创意内容，也形成不了自己的语言体系；有的人则可能江郎才尽，有些许名气却永远无法获得对等的物质回报。所以，此类视频账号也许有过一些高光时刻，得到过许多观众的喜爱，却没办法养活团队，最终落得功亏一篑的结局。如果一个团队没有办法形成自己视频账号的制作周期，那么，它就会像一个人在睡梦中寻找一扇门，却永远也打不开那些摆在自己面前的成千上万扇门。什么是好的创作经验呢？从商业角度讲，舞台上的演员不应该由一些临时演员随机组成，应该是有序安排、灵活变动的，我们的编剧、导演、摄影师和剪辑师、运营及其他同事也不应该焦虑于每一天的日常生活成本，担心今天就是摄制的最后一天了，等杀青以后，大家就各奔东西，再也不见面了。讨厌商业、铜臭味的方法论，讨厌“十年磨一剑”的锻炼体系，并不能作为创作者学会“弯道超车”的处世基础。不想投入大量的时间成本，不想投入大笔的金钱，或者什么都不想投入，只期望躺在床上，第二天就能够暴富，成为大网红或大主播，手握好多个大 IP，后天就能到纳斯达克上市敲钟，成为网红第一股，这不过是痴人说梦罢了。可是，对于创作者来说，他们的异想天开是被允许的，也是值得鼓励的，只是需要有一个较完整的拍摄计划去实现罢了。哪怕把刚才说的事物拍了出来，

也会使一些观众产生共鸣。创造内容上的财富，就在于创造一个生财工具，一个让创作者实现个人理想的技术工具。而这个工具来自观众的个人体会，来自他们的认同感，来自创作者通过这些内容创作而重新发现的新大陆，找到的新世界，抓住的新商机，创造的另一个新的“宇宙”，其中有一整套创作者未曾见识过的语言体系。

3．运营

除了商业化，运营还包括内容创作，此外，它也包含背离创作者创作初衷的反叛思想。实际上，运营是以资本运作眼光行事的。什么才是好的运营呢？放在今天，这好像是一个极其愚蠢的问题，尤其是当我们准备做一个属于自己的IP或视频账号时。一个真正意义上的运营人员或相对合格的运营方，如同一张四通八达的城市交通网络图，会清晰地显示在建地铁、在营运公交车辆，以及在建立交桥、天桥等信息，这些才是业内运营该做的工作。起初，业内运营的岗位职责与编导是分不开的。从一开始，编剧和导演就是两个不同的工种，之后因为种种原因，如预算不足，运营只好又编又导，甚至自编、自导、自演了。另外，视频账号的编导与传统电视台的节目编导是有区别的，前者从事的是有关叙事的创作活动，后者更多的是从传播学的角度出发，更加商业化，而且很难具有个人特色，这也是早期编导岗位出现的历史原因之一。随着行业发展，一般观众市场更加认可创作者的综合才能。在许多团队及公司项目上，尤其是起号及冷启动未完成前，在这个从 0 到 1 的过程中，更多时候创作者的身份也有着运营的属性，他们的影响力还会持续渗透到日后的运营策略中，所以在许多项目做大、做强以后，在那些默默无闻的小主播、小网红成了大明星、大人物之后，我们很难再从旁观者的视角捕捉到关于运营这个岗位的重要性了。运营工作并不是简单的后台数据分析、直播复盘，或者众所周知的打上一个视频标题，点击定时发布，再顺便回复几句粉丝或观众的评论、私信。以上工作内容太过于初级了，也没有重心所在。

那运营工作到底是为了提升内容制作的质量呢，还是为了实现流量转化呢，还是整个商业变现的板块上必不可少的一部分呢？答案是否定的。做上述工作的人并不是合格的运营者，也算不上是**货真价实的账号运营者**。既然我们提到了运营工作的方向性偏差的问题，就应该从务实的角度出发，问自己几个问题：什么是运营岗位的工作重心？运营者能帮助创作者解决创作以外的难题吗？好像他们中有的连创作本身都不太了解，那我们选择让他们加入的关键因素是什么呢？面对这些“灵魂拷问”，有的运营者选择含糊其词，嚷嚷着：“总有一天你们会用上我！”然后就拍拍屁股走人了。实际上，我们也等不到那一天了，这种锦上添花的打杂工的角色，在哪里找不着呢。有的运营者则另辟蹊径，承认自己对创作工作是一窍不通的，但他们能够尽可能地处理创作以外的工作，包括充当最常见的团队氛围活跃者，让创作者能够埋头苦干，好好地沉浸在创作之中，哪怕是在商业价值占比最多的项目里，他们至少可以让创作者能够专心致志地处理内容制作上的商业化问题，以及提高二次传播效率。可以说，他们担当了公司的非技术类型的项目顾问，所以，除了技术上的问题，剩下所有的项目难题都需要这些运营者主动来解决，并且亲力亲为。一个优秀的运营者就像视频账号的另一个招牌，客户或粉丝可能永远都不会知道他是谁，但运营者的身影总是出现在他们的眼前。假如要负责一个公司的视频项目，运营者就会跟老板提出诸多要求，因为他们一方面要**规划预算和人手**，另一方面要负责**整个项目的基本运营工作**。他们有点类似于剧组里的制片主任，在剧组里，拍戏的事可以找导演，而拍戏需要准备的各种东西就得找运营者。与电影、电视剧剧组那种越来越倾向于高度集中的工业化流程所不同的是，一个自己或公司的视频账号更像一个小作坊，而在这个小作坊里永远都会存在着一个中心人物，如果为老板做 IP，那么中心人物无疑是老板本人，不然当项目起步时，就会出现编导、运营相互争斗的激烈局面，这也就不难理解为什么很多项目前期会出现编导兼职运营的情况了。毕竟很多项目都是经不住内部消耗的。根据我们多年的行业经验及项目执行情况来看，让一个人拍板做决定，才是最有利于团队健康有序发展的。实在不是我们偏心创作者，而是在大多项目里，说到做到比只会纸上谈兵更有说服力，我们光靠运营工作是很难深入到真正的基层岗位之中的。例如，摄影师与剪辑师基本上不怎么和运营者打交道，有时是因为运营者过于脱离整个视频制作小组。运营者如果只把公司项目或视频账号当成一个符号来运营，是很难长期与主创团队共事的。尤其是在从 0 到 1 的起号过程中，许多 MCN 机构、网红公司及大型甲方公司的运营方并不参与实际的内容制作工作，连参与共同会议的时间都是少之又少的，这就如同一家电商公司的运营对自家的直播业务都不熟悉，连选品也不参与，问投放也一脸茫然，甚至连直播间每天的直播时长、GMV、场观也皆不了解。

如今市面上稀缺的是这几类运营岗位：能够提升内容制作质量，可以辅助创作者的；有助于流量变现的，有时还要涉及公域流量转私域流量，做小程序及客户、粉丝群，还有 1 对 1 联系等；非标准型的“万金油”角色，今天当演员，明天当摄影，后天当其他的。他们看似在打杂，但总有固定的几种角色及工作，有时跟专业也不挂钩，却是公司和项目中必不可少的人物。只是当跳槽以后，这一类运营便难以适应新公司的工作节奏，很多人都知道新人运营基本上都是打杂的，而随着这个职业的发展，一些不同于以往的新需求也会产生。直播带货兴起时，我们也兼职运营，从零开始慢慢学习，逐渐成长，也吸引了许多从秀场直播过来的人才。这跟公司发布了一条视频编导招聘信息后，吸引来了很多从事信息流广告的编导一样，团队必须经历大浪淘沙，有一个从 0 到 1 的艰难过程。自始至终，我们都相信**优秀的运营者的自我价值应该体现在公司、团队中**，他们只有在具体项目中付出汗水，才能跟着团队一起成长，这不只是新人运营的必经之路，也是那些所谓运营大神要务实的地方。不要将运营者当成纯粹的销售业务员，他们的自我价值应更多体现在整个项目的成果之中。很多时候，他们的成绩是难以度量的，但当项目进度变慢、团队闹矛盾、业绩突然大幅下降时，这十有八九就跟运营有很大关系了。

总之，不要听运营者夸夸其谈，而要看他们的工作方向是什么？重心放在哪里？有没有取得成果？哪怕失败了，他们能不能总结出失败的原因？只要依然和创作者一条心，同在一条船上，就万事好说，毕竟不经历风雨，又怎么能看得见彩虹呢？

4. 监制

不得不说，监制是一个相对高端的岗位，有点类似于企业中的职业经理人，但它并不是一个专属于天才的岗位，而是一个中大型项目中必不可少的综合型的领导岗位。换言之，能够从事监制工作的是接近于单项满分的优秀的创作者，对比同行，他们更懂得精打细算，对商业变现有着本质上的理解。

很多人对监制很陌生，但他是整个电影工业中的核心角色，也是一个视频项目中类似于创业型老板的角色。之所以这样说，是因为监制跟许多编剧、导演所处的位置不同——监制是与市场打交道的。对，视频项目里的监制必须跟“资本”打交道。而什么样的人更适合当视频项目里的监制呢？例如，我们从0到1做了一个账号，它算是一个能成功盈利或有市场前景的项目，而“你”作为一个总负责人，在挣到第一桶金之后，有了一套属于自己的创作体系，就可以启动新项目了，而在启动新项目之初，**谁来负责拍板**？**谁来统筹策划**？**谁来打理财务**？……这些至关重要的事务都需要找到一个靠谱的人负责，而这个人无疑就是视频项目中的监制，也就是靠着内容变现的创业型老板。监制的重要性在于他能够突破一个创作团队在运营层面的“天花板”。也就是一个新的项目在所有团队成员都竭尽所能的情况下，未来到底能够做到什么规模，取得多少经济上的回报，以及能够实现什么样的远大目标，大体上从项目创立之初或在着手日常工作之际，监制就能清楚地意识到项目在行业中处于何种地位。这并不是玄学之说，也不是事后诸葛亮，尽管业内急缺适合当监制的人才，甚至根本很难通过内容变现的流量体系而直接培养出专业的监制——**让投资人及幕后团队吃了定心丸一般的人**。

但无可否认的是，视频项目中的监制就像一个创作体系里的管理者，他既能从创作者本身出发，也能在需要流量变现或需要商业价值板块时充当决策者。有些只会纸上谈兵的理论学者，无论在互联网上，还是在实际生活中，好像对于如何起号、如何当网红、如何做直播带货，甚至如何上市融资都可以讲得头头是道。这些理论的“巨人”并不适合当监制，他们更适合做一些具体化的项目，如拍摄一些知识付费的纯口播视频，教大家如何创业、如何发家致富等，只要不涉及实操层面，他们所讲的道理还是值得一听的。相比之下，监制既要务实，也要是技术专家，而且要了解市场行情，知晓如何找老板及投资人，给一个新项目组建团队，能够在短时间内搭建好一个内容平台，以及对接一条流量变现的商务渠道……这些工作都是具体化的，监制要每天做一点成绩出来，而不是到网上复制一份同行的 PPT，外加一套可视化的大数据模型就能让项目安稳落地。所以，监制并不是“无中生有”的，他们是用一个又一个项目练出来的实战专家，而不是那些在营销课上扬言自己曾经操盘过几千万、几个亿流量的大师，而实际上连基本的团队配置，甚至每一个岗位上的人每天具体在做什么都不知道的人。也许，我们真的很需要一些搞研究、分析经典案例的专家教授，但监制这个岗位，他们并不适合，也不能够胜任。一个职业化的监制应该拥有多年一线制作的项目经验，同时，能够充当真正意义上的决策者。所以，我们经常看到很多创作者在有了自己的团队、公司及工作室以后，会慢慢地退居幕后，成为团队的“定海神针”，几乎决定着每一个项目的基本方向，承担着所有的风险性问题。这也是我们要强调找一个监制的根源所在。很多新项目在逐渐走向整体性的工业化后，很大程度上会偏向于分工合作，仅仅靠着编导及运营的双重保险，好像还没有太强的说服力，我们最好在他们之上再增加一个总体上的负责人，而且这个负责人不专门针对某个单一的项目或内容创作体系，他要向公司负责，与老板及投资人直接对接。因此，监制必须足够了解这个行业，有一定人脉及资源整合能力，不是那些只坐在会议室里夸夸其谈的营销专家，而是能够管理好团队的领导者、决策者。监制也需要充当一个救火队长，能够先给予团队一个指导性的方向，随之监管项目，追踪进程，执行到底，把投资人的钱花在刀刃上，而不是坐在豪华的大办公室里面，一边吹着空调，一边远程遥控，这根本不是我们想象中及现实中需要的监制。在我们的日常工作中，监制不会总在某个地方待着，有时到剧组里做技术指导或犒赏成员，有时谁也不知道他在哪里、在做些什么。虽然监制不需要每天定点找老板及投资人打卡、汇报工作，也不需要每天如同做戏一般跟组指导工作，但这并不妨碍他对自己的项目了如指掌，并且在相应的环节或适当的时机，增加一些新的任务，追求一些新的目标，为公司谋取更多的利益。

第三节

切忌

规避团队制作模式与个人制作模式的缺点

——切忌头重脚轻的团队制作模式及高强度工作节奏的个人制作模式。

在这个世界上，从来没有最好和更好的唯一选择，但有最坏和更坏的结果，而我们并不想批判谁，也不想否定谁，只是希望让大家能够看到自己的不足之处。什么叫头重脚轻的团队制作模式及高强度工作节奏的个人制作模式呢？顾名思义，就是我们想得太多、太复杂，实际上根本就没办法实现某个项目，这就会直接地限制团队及个人创作者的内容开发能力，或者间接地高估我们的运营能力，从而增加了

不必要的、超额的，甚至**巨额的**预算，进而使整个项目草草收尾或停留在项目方案上。造成这样结果的原因有很多：有的是关于整个项目预算的，如一个项目的预算原本为 10 万元，突然间翻倍或增加到了 50 万元；有的仅仅是关于团队成员开销的，如原本仅需要一个简单明了的编导及运营小组，却招聘了 3～5 个编导，而只有 1 个剪辑师；还有的是一大堆莫名其妙的原因，如老板及投资人因为“风水”问题让项目停工了，或者因找不到合适的女主角，所以整个制作组就罢工了。那为什么这些项目都是头重脚轻的团队制作模式呢？有的创作者为什么喜欢高强度的工作节奏呢？实际上，超额预算通常只出现在公司运作的项目中，很少会涉及以个人为主的创作者项目。毕竟绝大部分的个人创作者在立项之初很少有大预算的成本投入，甚至有不少创作者是节食缩衣的。所以早期那些“用爱发电”的视频项目很常见，况且在互联网发展的初期，那种“无心插柳柳成荫”的爆火现象也时有发生。个人创作者在经济上的不富裕通常体现在诸多软件、硬件上。而让个人创作者最为窘迫的是处于大环境中的弱势地位，因为在创作之初，他们的行动肯定得不到很多人的支持，有时还会遭到亲友的反对或打击。无独有偶，当从公司经济发展层面考虑时，团队中的创作者也会经常遭到老板、投资人的诸多严苛的质问及思想上、灵魂上的拷打。应对这些创作难题，作为过来人，我们可以开诚布公地讲，大家真的不必因此丧魂失魄，一定要坚持到底，因为我们会在这些看起来相当难熬的日子里，率先学会为人处世的道理，即要**善于沟通**，先要**善于与自己沟通**。

在视频创作这一行中，很多创作者都是沉默寡言的，但这并不代表他们不会与人打交道，不会顺畅地表达出自己的想法。可以说，与人、与天地沟通是创作者与生俱来的本能之一，因为他们总要先与大自然、社会百态对话，再根据所思、所想、所见构造出来一个属于自己的艺术创作世界，自然而然地，与人沟通就成了创作者的本能反应了。很多人对一个新项目冷嘲热讽都是建立在信息交流不对等的情况上的。有的老板的想法是很简单的——我们可以给你们投 10 万元，或者这个项目目前来说只有 30 万元的商业价值，你们就不应该讨要 50 万元或 100 万元的制作及运营成本。当然，他们还有一套价值更高的项目运作的底层逻辑——前提是有一个靠谱的行业前景，以及一个专业的监制带领团队。至于个人创作者的项目，自由度则更高一些，但如果个人创作者过度自由，就意味着放荡无序了，甚至会出现自己压榨自己的怪异行为，最终让自己处于高强度的工作环境中。因为处于闭门造车的工作场景中，他们可能熬夜工作，也可能每天担惊受怕，长此以往，他们很可能制订一些看起来目标宏大的 KPI 计划，总想着要先跑起来才行，却永远都学不会劳逸结合。他们比上班的创作者还要“卷”，这源于自由职业者工作的不稳定性、互联网的快节奏等。相对而言，创意本身才是他们个人才华的最大价值体现，除去一些老生常谈的蹭热度及追风口的项目，大部分的个人创作者通过几个失败或成功的视频项目，均会形成一整套的、慢慢培养出来的个人的内容创作体系，哪怕当视频作品最后呈现出来时，有的观众觉得只是在抄袭某某，在“洗”别人的稿子。尽管我们十分憎恨抄袭者，但少有个人创作者能够在未形成自我的内容创作体系之前，完成真正意义上的原创作品。所以，业内才会将天才与人才区别开来，一个真正的天才是完全不需要走别人走过的路子的，从他出生那一刻开始，他的艺术生活就是原创作品。

看到这里，我们相信很多人都对自己的项目越来越有信心了，不过，我们还是要无情地打击一下你们的事业心。一个人可以有天马行空的想象力，甚至不用考虑蒙太奇的意识，这是正确的创作思维。可在现实的项目工作中，这种想法的物质基础肯定是具象化的。所以我们必须将那些抽象的创作概念及运营思维暂时抛开，好好地思考眼前的片子该如何拍摄，视频账号该怎样运营等诸多难题。当我们迈出一大步时，现实生活往往会给我们团队中的每一个成员深刻的警醒，尤其是在我们的前几个项目中，有时是市场这只“无形的手”给了我们一记响亮的耳光，有时是后台私信或评论区的观众用偏激的语言狠狠地打击了我们。请注意！**不要太敏感了！**可能真的没有谁在刻意“带节奏”，也没有“网络黑粉”和“网络水军”的嚣张身影，不要把那些“路过”的观众当成我们的敌人，并不是所有人都会对我们“一见钟情”，这也不是选美比赛。但那些头重脚轻的视频项目就一定会胎死腹中吗？答案是否定的！业内有很多一开始看起来就不会有什么起色或赔本也不赚吆喝的项目，团队依然在苦苦支撑着。那团队成员图的又是什么呢？难道老板不知道自己在亏钱吗？放到个人创作者的身上，我们则更容易理解其中的原因。假设一个个人创作者在做第一个视频项目，兼职做的，更新内容也不稳定，很多时候连下一期拍什么都没有确定，更别提变现手段了，甚至连一个固定的粉丝都没有，其纯粹是个人创作者练手的项目而已。而在这个自我练习的艰苦过程中，只有小部分的个人创作者坚持到底了，并慢慢地茁壮成长起来了。大部分的公司可以说会遭遇彻头彻尾的失败，甚至还有不少公司见证了某个行业从一个朝气蓬勃的蓝海市场慢慢地转变成了一个残酷竞争并最终死气沉沉的红海市场，根本就没有在这个领域中捞取到任何风口上的红利。

每个人的出发点都是好的，同时，他们也发现了这一片沙漠中的新绿洲，加入了新时代的“淘金热”运动。但并不是所有人都能通过劳动致富，让自己的内容流量得以变现，或者他们从头到尾也没有享受到流量市场的红利，拍出来的视频根本就没有几个观众追捧，有的创作者自以为是观众的眼光差、审美不到位、自我意识过于超前了。事实果真如此吗？为什么同一个题材、同一个地方、同样的设备，甚至在千篇一律的文案、台本演绎下，有的创作者的视频作品就是没人喜欢，而有的创作者就能够不断地上热门榜单，引发全网热议呢？这个问题值得深思。

第四节

准备就绪

前期结束时，什么样的主创团队算是良好的团队

其实根本就不存在万全准备，尤其是在片场工作中，总会出现各种突发事件，所以，我们要学会**随机应变**，有时也要**顺势而为**。虽然创作者也是写作者，但不像作家，案头工作只是工作中很小的一部分，更多时候，创作者必须**对投资人负责、对观众负责、对团队成员负责、对所有接触过这些项目的人负责**。归根结底，创作者只有完成了开花、结果的完整过程，才能称得上是自己作品的最终守护者。经过这几年的互联网信息轰炸以后，了解一个创作及运营小组的基本配置的新人很多，但真正意识到它们在项目中的重要性的人很少。大部分人只知道一个编导及运营小组至少由 3 ~ 5 人组成，其中要有 1 个编导，而有的编导前期可兼职运营的工作，只需要有 1 个摄影师、1 个剪辑师即可，而有时两者也可兼顾，只要找 1 个摄影师或 1 个剪辑师即可。那编导具体要做什么？这个问题大部分人也都能回答上来——他们要做策划，要拍片子，有时还要兼顾运营账号等。可要拍什么类型的片子？纯口播视频吗？如果是简单的口播形式，好像就不用摄影师了吧？不是有编导了吗？他们不会拍摄吗？是不是固定机位的口播呢？如果是在摄影棚里面拍口播视频，把一些灯光设备布置好以后，在很长的一段时间里，它们就不会乱动，包括一些小型、中大型直播间里面的设备器材。所以，大部分人只会套用那些编导及运营小组的运作公式，却不知道在实际的工作过程中，**有些岗位会因为特殊情况而弱化其功能性，甚至失去核心竞争力**。既然在有的项目中编导也可以兼职摄影师的工作，那是不是多招几个编导，同时就可以做矩阵号的营销了？这种想法是相当天真的，当然，我们也可以不用反讽的语气，直接说这种愚蠢的做法是头重脚轻的表现之一。众所周知，制作过程分为前期、中期和后期等，如果没有专职的摄影师从镜头语言上把控中期的摄制过程，再加上我们拍的片子并不是简单的纯口播视频，也不是布置在一个摄影棚或普通的办公室即可完成的，那么编导中，又有多少人能够承担得起摄制上的压力呢？更别提后期制作的岗位都被砍掉、演员预算都没有的情况了，这完全是自己拍摄做后期及运营类似于自媒体的创作模式。

在此也就延伸出了一个话题。

在项目创建初期，如何选择一个适合自己的团队呢？切记，先有项目，才有团队。当我们的视频项目并不具体，只是一些堆积起来的抽象概念，再加上几个笼统的灵感来源时，我们不要急于排兵布阵、吹响号角、即刻出发。因为我们仍不清楚自己的目的地在何方，是沙漠？高山？平原？海边？还是都有可能呢？老老实实地先问自己几个问题：**我们的参考案例是什么？视频账号叫什么名字？出镜人是谁？现在有多少粉丝？流量变现的方式是什么？我们的整个制作周期大概有多长？**最后能否推算出来，或者大概地猜想一下，这个项目现今人员的规模，以及最初从 0 到 1 的起号过程中，有哪些部分是与时代有关系的，并非今天仍然能够得以借鉴的？又有**哪些部分是具备基础属性的**，我们要做视频项目就一定要配置到位的？市面上很多谈内容创作的书籍在这方面就闭口不谈了，也许书籍的作者在分析各种经典案例时，讲得头头是道，但实际上这些都是过眼云烟，他们的很多言论都是过时的、陈旧的。我们并不希望创作者在那些失去了时效性的事件分析上观望不前，而应做到具体事件具体分析，得出实际上的解决方案，最好能够提供更多的“解难题”的思路，所以我们才会在这里讲述很多关于技术层面、行业经验层面、项目积累层面、市场与前景预测层面的内容，这也是几乎所有的创作者都必须考虑清楚的一些问题。**不要总是稀里糊涂地进行创作**

工作，因为工作到中、后期我们免不了进行关于分工合作的沟通，而只有在这个与人打交道的工作基础上，我们才能带领整个团队有序地进入到一个项目中进行创作。随之而来的便是整个内容创作体系中的类型片或泛流派化的创作意识。这种内容上的创作意识，从一开始就规定了整个团队的技术实施范畴。

假设我们拍的片子是纯口播视频，那么镜头语言在其中就不会是最为重要的了，从类型意识上来讲，也许，摄影师的存在感真的不太强，除非是精益求精的口播视频，而追求光影效果、突出人物的造型感等就是另一个技术层面的话题了。大体而言，市面上90%的口播视频，均是在一个特定的室内环境中，也可以说是在摄影棚或办公室里完成拍摄的，那么，它们对灯光、镜头机位的要求，通常都是以稳定性为主，统一价值是大于创新价值的。自然而然地，在这类纯口播视频的项目中，对镜头语言、美术造型等要求也会弱不少。不过，从专业的角度出发，我们更希望将来口播视频中的口播如同电视台里的主播或主持人一样，讲究机位、讲究灯光、讲究造型感、讲究画外音、讲究旁白素材里的画面感，等等。

假如我们有 1 个编导、1 个摄影师、1 个剪辑师，再加上 1 个专职的口播，那么一天就能拍摄几十条片子，按照这个拍片子的速度来说，只要后期制作跟得上，再增加几个剪辑师的岗位，那么一周内工作 5 天，理论上我们就可以完成几个月的内容更新的工作量。因为我们 5 天就可以拍几百条片子，剩下的时间就可以留着做后期制作了。这种流水线的工作模式更多用于制作信息流广告的短视频，假如一个编导小组一天产出十几条到几十条不等的片子，一周到一个月就能产出几百、上千条片子，至于它们的经济效益如何，就是另一个话题了。总之，既然这种视频项目中的纯广告片子——信息流广告的短视频——可以完成如此巨大的产量，那么我们为什么不尝试学习一下这种做法呢？这也是我们在信息流广告的短视频中所学到的技巧之一，既然很多公司及个人创作者都在兼职做项目、拍片子、运营视频账号，那全体成员倒不如在特定阶段抽出一天到几天的空档时间做视频项目，这样就能将接下来一整个月的事情全部搞定了。可这涉及一个资源整合及队伍成员的协同性的世纪难题。所以才会有专职人员与兼职人员的存在，这也是很多公司及个人创作者在实际项目的工作过程中遇到重重矛盾的原因之一。由此，我们得出的经验教训就是一定要有**专职的创作人员**，虽然不可能做到随时待命，但至少这一批人需要独自承担整个项目的总体风险。也就是除了拍片子、运营这些视频账号及负责对接流量变现的重要任务，专职人员不应该承担其他的任何事情了。

既然我们知道了要有专职人员负责视频账号的项目，那团队到底需要什么样子的配置呢？这又回到前面的话题上了，我们具体要做出什么东西？原来我们的参考案例是做口播，做口播的这些主体跟我们一样是教育培训机构，或者是做知识付费课程的。那如果不是做口播的呢？例如我们是做直播带货的，需要拍一些“种草”、带广告性质的小视频，或者带一点剧情内容的营销视频。又如，我是一个个人创作者，需要拍生活类 Vlog 或个人跳舞的视频。每家公司、每个人的项目需求都是不同的，可从某种意义上也是殊途同归的，就是要**讲究效率**。无论创作还是运营，都是无法在短时间内完成的事情，都需要从长计议，在每个步骤落实下来后，都会存在一个目标值的完成度、行动指令，以及任务重心。所以，我们的团队首先需要一个**主导者**，他是一个“领头羊”，会为我们指引一个正确的方向，我们在确定这个主导者的身份时就必须明白：他能够提供什么样的创作价值？他擅长什么？除了创作，他**对商业的敏锐度足够支撑到我们的整个项目走向内容的流量变现板块吗**？还是说，我们得找一个更擅长业务的商业精英辅助他？以后是不是还得给他专门配置一支更专业的变现团队？

其次，确定了主导者的身份以后，我们还要配置一些辅助的人手，大家分工合作，做好一个或几个视频项目。在这个过程中，我们一定要找准切入口——**我们的主打内容是什么**？是口播吗？是剧情吗？还是更具体的可以讲出来的东西？如独特、亮丽的服装展示（也许我们就是想通过直播带货来卖女装），可爱的宠物，豪华的汽车，专业领域的“干货”输出，等等。等我们一一确定这些内容以后，就会知道自己应该需要什么样的初始团队了，那么在拍摄、后期，以及其他需要更专业的技术、相关知识支撑等方面，谁来主导工作呢？对摄影要求低的，是不是就可以先让编导或剪辑师兼职做摄影工作？答案是否定的！如果是内容更新很频繁、工作量特别大的工作，就不能总是让其他人兼职，一定要“一个萝卜一个坑”才行。当涉及分工合作时，我们就会发现——在没出策划方案前，我们可以谈预算，甚至可以减少很多看起来可有可无的预算。可是到了执行阶段，项目要落地的时候，但凡有眼色的聪明人都会知道要打好基础，要做加法，之前的预算方案都是一段文字而已，只是一个预计，在实际开展项目中，永远都是**意外多于设想，增加预算多于减少预算**。不要把一个视频账号的项目当成普通的工程来对待，一个视频因为偷工减料拍烂了，我们相当于白忙了一场，甚至起了反效果，让粉丝又一次刷新了对我们的期望下限，取消关注，不再对我们的视频账号感兴趣了，这也违背了创作者应该**跟观众交朋友**的道理及**跟粉丝打成一片**的商业原则。创作能给我们带来什么呢？它可以让我们声名鹊起，但不一定能让我们名利双收，这都是有了流量变现的稳定渠道以后的事情了。

最后，紧扣前面谈到的主题，我们要自始至终地相信一点——艺术创作可以让人名声在外，但不一定可以让人名利双收。所以，我们在打造一支专门属于自己或公司的主创团队时，先做好不赚钱甚至赔本的打算，我们的第一个目标是让大家认识到**“我们是谁”**，至于我们的销售部门是做什么工作的？所承接的流量变现板块的方向又在哪里？这些都应该先通通舍弃。我们应该考虑的是这个视频账号能不能**吸引一部分观众观看**，以及在内容上能否获得他们的认可，能否加深他们对我们的第一印象。慢慢地，我们才会拥有自己的受众群，进而才能谈论公域流量转私域流量或拥有自己的流量池的问题。在这方面的实际操作中，大家的做法都是不统一的，没有约定俗成的模式，甚至有一点儿类似于后现代主义中的去中心化的反抗意志。所以，不要把我们的第一个版本或前几个版本的策划方案当成真正的行动指南，要根据市场的动态及时调整我们的创作方向。

接下来，我们就开始进入技术层面的创作环节，希望接下来的内容可以让大家长期受益。无论这个行业发展到何种地步，无论兴盛衰亡，只要我们仍然热爱内容创作，当有向人倾诉的强烈欲望，却找不到个人世界的宣泄口时，我们就可以选择加入这个关于光与影的、让人梦想成真的创作队伍中。

第四章

中期（摄制期）

第一节

叙事要素

一种合格的故事讲法

我们可以如实地告诉大家：在这个世界上，根本就不存在导演套路、爆炸开场公式，因为即便是同一个剧本、一模一样的翻拍案例，效果也会因人而异。古人云："橘生淮南则为橘，生于淮北则为枳。"进入摄制期，我们必须知道**橘与枳的区别是**什么，**淮南与淮北的分界线又是哪儿**。市面上，有不少关于如何创作小说、诗歌、戏剧、电影及电视剧剧本的教材，而很多初学者总是喜欢追捧那些讲究技巧性的伪工具书，如《×天教会大家拍视频》《1 个月就能直播带货×元》等。也有一小部分的大部头是晦涩难懂的，是偏理论型的，它们要么谈这个行业的发展历史，要么聊大师作品，分析经典片段，以及教大家从美学角度重新整装待发，寻找一些形而上的哲学价值。但大部分的老学究型的专家教授，既不会搞文学创作，也不会搞话剧、舞台剧，当然也拍不成片子。而今天我们要跟大家讲的内容是极其简单的，就是如何在一个商业片子的项目中，**做自己所理解的、大部分观众所喜爱的内容创作的事情**。在此，我们并不希望大家总是纠结艺术创作与商业化的问题，毕竟拍片子是需要启动资金的，况且有时流量变现并不会妨碍内容制作的质量提升。总之，我们要明确一些个人思想认识，例如，不是不让大家搞艺术创作，我已经在书中不止一次提到过“艺术创作”这个词了，只是不太希望大家把它“妖魔化”。同时，我们也会给予所有的创作者一个信心满满的顺利开局——当我们有了足够多的创作灵感并将它们拍成商业类片子时，尽管其中带着一些流量变现的想法或者简单明了的直播带货的商业意图，我们也能成为站在群众队伍中的艺术家。是的，本书第一章中提到**“别把自己当艺术家”**，但这并不意味着我们不可以成为人民艺术家。只是在成为艺术家的过程当中，首先，我们是给这些互联网上的人民群众服务的，是替老百姓发声的，讲大家心里想讲的话，说大家心里清楚的事情；然后，我们再把商家的广告打出去，完成供应链上的引流工作。

看到这里，或许大家已经有了一种想成为创作者的想法，那此时就应该先考虑一个实际的叙事结构问题，即**我们要拍什么样的片子**，或者**讲一个什么样的故事**，哪怕它还不能够被称为一个完整的故事，只是几个零碎的片段。等一等！**我们先从要拍什么东西开始讲吧！**——这是一个苹果，它从树上掉下来了，砸到了一个人，准确来说，是砸到了一个英国人的脑袋上，然后这个人发现了万有引力，我们都知道这个人叫牛顿，是一名科学家。其实，观众就是那些叫“牛顿”的人，他们也许不是知识渊博的科学家，从某种意义上来说，也许只是一群可爱的人……所以，大家听明白了吗？我们找到一棵苹果树，让一名演员在地上坐着或躺着，并拍摄一组关于物体运动的镜头，屏幕前的千千万万名观众就是鲜活的“牛顿”，他们分别看到了不同的画面：有的看到了苹果树生长的镜头，以为我们是搞农业或拍乡土视频的；有的看到了一个苹果的镜头，觉得这种水果看起来无比美味，有马上要下单购物的冲动；有的联想到有人被砸伤了的时事新闻，并在评论区里发表了一些个人看法，还顺便分享到了朋友圈或聊天群，完成了一件具备社交属性的事情。**那这个苹果又是什么呢？为什么只有一个苹果，而不是一大堆苹果？为什么不是草莓？为什么不是汽车？为什么不是书本？为什么不是历史事件？**我们可以给观众讲明白，让他们来好好地当裁判，他们可能是喜欢苹果的，也可能是讨厌苹果的，但不可能是对我们手中的苹果不感兴趣的，因为我们的苹果并不只是一个简简单单的苹果，它能够让人联想到一些事情，它可以让牛顿发现万有引力，也可以让屏幕前的观众重新发现另一片互联网文明上的“新大陆”。这才称得上是一种合格的故事讲法。

也就是我们拍的视频要有如下 4 层含义。

第 1 层，字面意思：我们拍了**一个苹果从树上掉落**的视频。

第 2 层，视频通过互联网媒介传送出去以后，观众理解的实际意思：**有东西在砸我们！**

第 3 层，视频经过艺术加工以后，在创作者眼中则是这样的：这是一个成熟的红苹果，**看起来很好吃！**希望有其他商家找我们打广告，因为这无疑是目前性价比最高的广告营销模式了。

第 4 层，视频经过大数据分析以后，在互联网的传播效果是这样的：这是一个**上热门的视频！**他们家的苹果看起来真大，圆圆的；到观众分享的层面时：我也喜欢，一定要给这个视频点个赞！

所以，**我们要学会预判整个视频的节目效果**。如果我们在脑海当中有了一个基本的画面，就急于去拍视频，等到后期制作完成了，成片剪出来了，自己及团队成员审完片子才发现——这根本就不是在拍苹果树，其中也没有苹果的镜头，那怎么可能让观众直接相信它是一个苹果的事实呢？创作本身就是**一件把想法变成现实的事情**，也是**一个美梦成真的过程**。如果我们的内容制作流程不规范，拍出来的内容又总是晦涩难懂，四不像，怎么可能吸引观众的注意力呢？不要拍太多实验性的艺术风格的片子，除非你是奔着抛开流量变现的目的去的。

第二节

叙事引力①

让观众看完前 3 秒钟

能够让观众看完视频前 3 秒钟的关键是创作者要**好好地拍出来一个开头**，至少让观众明白**镜头的用意**——不是瞎想的，不是莫名其妙的，而是为后面的剧情做铺垫的，是给接下来的重头戏打响第一枪的！总而言之，这是一个业内共同遵守的前 3 秒钟定律，类似于网络小说的黄金三章，但这并不代表这个前 3 秒钟定律适用于整个互联网上的内容创作体系，它并不是万能公式，我们可以把它当成**一种技巧性的工具**，使用它的时候要分**场合**、分**事件**、分**使用者**，等等。

为什么要强调前 3 秒钟呢？其实，这并非创作者的本意，也不是一种创作本能，而是一种平台规则。

几乎每一个视频平台都讲究完播率。**什么是完播率？**顾名思义，就是这个视频有多少名观众看完了，假设有 100 人在不同时段内观看了这个视频，其中有 30 人从头看到尾，那完播率就是 30%。其实 30%的完播率是相当夸张的，绝大部分的视频完播率都在 10%以内。也就是根本没有多少人可以完完整整地看完一个视频，除非视频时长只有短短数秒。很多后台数据包括评论区的粉丝留言及评论也可以证明这一点，完播率均带有一些虚假性质，可以说是在这种网红经济的繁华景象背后的泡沫吧！完播率这一硬性指标导致许多创作者**在时长上争分夺秒**，提高前 3 秒钟的**留存率**。从这个创作角度来看，这一点在那些追求爆量的信息流广告的短视频中体现得淋漓尽致，如今业内已经少有如此不讲究正能量的视频内容了。

不过，现在的观众对视频的开头报以更加宽容的心态，很多创作者已经从抢夺前 3 秒钟的反转效果、为了反转而故意反转剧情等，逐渐地转变成了拍更具类型片的创作意识的视频作品。这也是一小部分优秀的内容创作者在创作观念上的根本转变。绝大部分的创作者——无论从职业素养上、从艺术品位上、从大众传播上，还是从商业嗅觉上均显得平庸的创作者——他们是无法意识到这前 3 秒钟的重要性的，所以他们更应该考虑的是如何使观众**“得以判断自我审美品位是否与作品同步”**的个人问题。也就是观众看了这前 3 秒钟的视频片段后，大概就清楚了**创作者的葫芦里卖的什么药**，到底**符合不符合自己的审美品位**。至于这几年造成的各种各样的误会，也进一步说明了在创作者的群体中，平庸者仍然是占大多数的，甚至是偏主流的，他们给外界灌输了许多错误的观念，也使得自己走上一条“歪路”。毕竟，关于内容创作是不存在歪打正着的道理的，歪瓜裂枣在业内倒是数不胜数，这也是我们写这本书的初衷之一，至少在本章，我们需要给外界重新塑造出一种类型片的意识形态。当然，大家也可以不同意我们的创作理念，但我们仍希望创作者不是走捷径、依赖技巧的工具人，而是在理论上以一个创作体系作为支撑点，这也是延续整个创作生涯的另一个“火种”吧。当大家能够理解前 3 秒钟并不是纯粹为了吸引观众，取悦所有观看视频的人，甚至观众在看完以后只会对大家产生负面影响，在评论区恶言相向时，大家就会明白我们写这本书的良苦用心了。

大家已经清楚地认识到视频的前 3 秒钟应该是**让观众在心中竖立类型片的意识**，那么，**每个类型片的符号是什么呢？它们分别具有哪种文化属性呢？在每一个符号背后隐藏的人类社会的传统结构又是什么呢？**对，我们在给大家出难题，在这本书中，我们看起来总是给创作者制造千奇百怪的障碍。实际上，我们希望有一天大家都会幡然醒悟，因为这些奇奇怪怪的问题，就算不经我们的嘴巴说出来，总有一天，也会陆续地爬上大家的心头。坦白讲，如果连类型片的边界都无法触及，你就不是一个合格的创作者，至少现在，大部分的观众不会青睐你的作品。用前 3 秒钟的时间让大部分的观众停下来很容易，甚至只需要呈现几个简洁有力的大字——“倒计时”“3”“2”“1”。**可这除了能让观**

众多停留 3 秒钟，我们作为创作者或制作团队又能收获什么呢？如果前 3 秒钟的内容是为了告诉观众接下来有好戏开场，那么我们的直播间福利满满、演员是人美心善的、这辆车子跑得飞快，等等，**这些内容可以直接加进视频中吗？**答案是肯定的！直接加进去，例如，这是一个新车推广视频，前 3 秒钟已经给观众快速且全面地展示了汽车的亮丽外形，观众也通过这前 3 秒钟看到了汽车的庐山真面目，至于能不能挽留观众继续看下去，主动权就在他们自己身上。而创作者能做的不过是**投其所好**，让喜欢此类事物的观众更加热爱它们，同时，也要尽可能地给作品**提供一个更大的舞台，让更多观众看到它们**。至于观众能不能成为这个视频账号的粉丝或这家汽车公司的客户，那就是整个品牌推广及销售链条的事情了，并不是所有的观众只看了这前 3 秒钟的视频或看到了这款新车推广的活动信息，都会马上跑到线下门店订购。**不要过度消费内容创作本身**，它所能承接的功能是非常单一的，基本上属于纯娱乐效果，就算不是泛娱乐化的内容，也暗含一定取悦观众的意思。何况，内容创作并不是整个销售转化的唯一核心，所以我们应该用平常心看待它，面对创作工作，一定要心平气和地先做好开头的工作，这样才能导一出好戏！

第三节

叙事引力②

让观众看完前 10 秒钟

预先设置一个时间节点，这是对创作者的一种挑战，尤其是对没摸着门道的新手而言更是如此。同时，这也是一种有意识的训练，因为**每一个时间节点都没有标准化的数值**，在每个时间节点上，我们可以用一个镜头平铺直入，也可以安排一组长镜头缓慢插入，以形式主义而言，就是形式多种多样。而这种多元化的视角切入则更加考验创作者的人文底蕴，以及他们对于不同风格流派的作品的掌控能力。对！先让观众看完前 10 秒钟，这也算是视频平台用 **AI 算法逻辑来故意“绑架”创作者**的行业乱象了。我们继续见招拆招吧！一开始，业内只有前 3 秒钟定律，那么**这前 10 秒钟定律又是从何而来的呢？**这个故事应该从来没有人在书中讲过，也不是很多刚入行的创作者所能接触到的层面。一方面，它是和互联网的算法时代捆绑而出现的；另一方面，它的出现也有给外界特意释放信号的意思。总而言之，我们直接把它当成一种新发明的专业术语吧！一开始，有的创作者认为前 3 秒钟是相当重要的，就想出了前 3 秒钟定律，因为他们的视频时长只有短短的 15 秒钟，后面过来取经的创作者心有不甘，又发明了前 5 秒钟定律，随之，前 10 秒钟定律、前 15 秒钟定律、前 20 秒钟定律、前 30 秒钟定律相继出现了。

这些都不太重要，毕竟很多"多少秒钟"定律的发明者，连自己的理论基调是什么都不知道。值得一提的是，认真分析下来，我们会发现，**前 3 秒钟的类型片意识的确是可以延伸到前 10 秒钟的内容体系中的。**前提是，我们不要学市面上的"多少秒钟"定律，故意将视频内容分割开来，我们一定要深刻明白一个道理——**叙事本身是根本没办法被割裂的，它就是一个较完整的结构**，无论它看起来有多么离谱，都只是叙事手法上伪造的假象，是一种看起来很高明的修饰手法，哪怕它是实验性质的艺术片子，如诗电影。"多少秒钟"定律并不是顺叙事和倒叙事的结构产生差异的原因，你要明白——叙事本身只有一个**关于元的结构**，而元叙事就是**包涵一切的叙述结构**，其拥有**唯一的合法性主题元素**。

当我们明白了创作中的元叙事以后，就会知道**前 3 秒钟的视频内容肯定是包含在前 10 秒钟的画面中的**，而且它们具有**不可分割的文化属性**。同时，前 3 秒钟的视频内容具有**提示下文的作用**，如同万丈高楼平地起一般，从 1 楼到 3 楼只是一道开胃小菜，也可以说是“亮了一个招牌”，当观众从 4 楼上到 10 楼时，才会发现好戏就要开场，重头戏马上就要来了。这体现的是创作者对于类型片意识的理解深度。在各种各样的场合里，形形色色的创作者经常吹嘘自己很会孵化网红、打造 KOL，然而，10 秒钟过去了，连他们自己都没办法解释清楚自己拍的视频在讲什么，实在是贻笑大方！我们不需要这样的创作者，至少从个人角度出发，要验证一个人是否有才华，只需让他闭嘴，真刀真枪地上战场就可以了。这也是为什么大家经常说从事这一行的人“内卷”，正因为视频创作没门槛，看起来不讲究技术含量，导致了业内假专家、假学者泛滥成灾，在许多公司的团队成员和个人创作者身上，总会出现运营两三个月就来一段阵痛期的情况，有时他们的新项目还会“胎死腹中”，或者本来稍微有点起色的老项目半途而废。我们之所以要强调前 10 秒钟的重要性，是因为它**在元叙事结构中具有延续的含义**。作为一个视频项目的创作者，我们在向大家（包括团队成员及观众等）传达了前 3 秒钟的画面以后，当所有人都满怀希冀地期待着下一个感动时刻的到来，或者打动人心的自然片段出现之际，我们是否仍有掌握**视频叙事的整体性的能力**，能不能让大家持续关注第 4 秒钟到第 10 秒钟的画面内容。因为这前 10 秒钟并不是一个终点。如今业内大部分的视频时长早已打破了初期的 15 秒钟束缚，这种人为的精神困局就如同前面讲述的前 3 秒钟定律一般，等到我们对内容创作本身有了一个清晰的认知基础以后，就一定会回到故事本身，即回到**元叙事的结构之内**，而不是故意脱离完整的叙事结构，例如为了兜售一个明明是划时代的黑科技产品，商家却不讲它的超前性，以及将来引领时代潮流的领导力，而只会绕圈子讲这个产品跟 10 年前的产品一模一样，好用又实惠。又如，在关于新车发布会的预热视频中，居然有一个女生站在汽车前面跳舞，而这与整个新车发布会是格格不入的，导致汽车变成了一个冷冰冰的背景板，而看完了整个视频的观众只是看了一段舞蹈而已。这些事例传达了一种**错误**、**庸俗**、**无用的**创作思想，在本章中，我们极力希望向大家澄清一个事实，那就是创作者的底线无关商业价值，每一个合格的创作者都不希望自己用心创造出来的作品，最后以**戏谑之言收场**。哪怕拍一个简简单单的新车推广视频，创作者也应该堂堂正正地站在甲方的制作立场上，帮其名正言顺地把广告打出去，而不是为了将后台数据的统计表格做好看，就胡乱地将视频推上一个莫名其妙的热门，最后让公司在没有任何的流量转化的情况下，落得颗粒无收的双输结局。而对于观众而言，他们也不希望为一时快感而关注我们。一个缺少正能量的视频，是很难获得关注的，至少无法让流媒体上的创作者能够坚持到底，也不能给主创团队带来稳定的收入；况且，还有不少的创作者是希望得到大家的赞美、身边亲友的高度认可的。对于那些热爱创作的人来说，名声比钱财更为重要，且它们是不同步的，总有一个先来后到，而排在前头的往往是作品的口碑。

第四节

叙事引力③

让观众看完前 30 秒钟

无论如何，创作者自始至终都要强调**作品的主体问题**，即“**我们是谁**”的问题。而关于“我们是谁”的问题，最终是**由观众个人进行解析的**。所以，制作者的焦点是放在观众身上的，而不是放在创作者的个人意识觉醒与否上的。从全人类社会的发展角度出发，关于“我们是谁”的问题，一定是**所有个人意识觉醒**的问题，也一定是我们**身为一个男人或女人的独立问题**。等到观众看完前 10 秒钟的视频以后，另一个考验创作的新环节便出现了，那就是**如何才能让观众看完前**

30 秒钟的视频，这个问题的关键在于奠定**叙事本身的基调**。也就是能够看完前 30 秒钟视频的观众在**认知上有同情共感**了，至少在整个媒介的传播过程中，他们或多或少能意识到创作者在视频中要表达的是什么。下一步，这群陌生人会跟随创作者的镜头进入一个崭新的世界。至少现阶段他们能够接受**视频中传达的部分价值观**。从遴选具有**同一品位的受众群**，到试图引发**众人的共识**，再到让他们**参与其中**，**整个社交的过程**，都是在短短的几十秒钟内完成的，也是整个信息社会历经再一次变革后，所展现出来的新常态之一。以前，我们可能需要几个月、几年，甚至几十年的时间才能找到一个知己，还会受到交通环境恶劣、信息传递不及时等问题的影响；而今天，当我们想要谈论某种东西或某个事件时，只要打开手机或电脑，连接上网络，就可以马上在相关论坛、视频网站找到一位有共同话题的陌生人。那些志同道合的朋友们并不需要历经一个较完整的从陌生到相互熟悉的缓慢过程，因为从创作者的角度出发，我们的确**利用视频作品弱化了它**，进而重新构造出了另一个“人类社会”，尤其是知识网络下的当代青年人，逐渐地改变了语言形态，并深化了自己对整个抽象世界的理解，即互联网言论。随着此类文化圈子的扩大，以及泛娱乐化的信息浪潮的冲击，所有网民都可以在任何时间、任何地点，凭借任何身份**找到各自的知音**，这也是创作者的个人世界开始转变为客观化、可视化、交互式世界的一种新景象。也可以将其理解成当创作者要进入一个全新的知识传播环境，或者另一个行业领域中时，他们并不需要经过一个涅槃重生的漫长过程，而仅仅需要换一个“马甲”，切换到另一个视频账号，用不同人物的身份发表一些言论，就能进入一个从未了解过的圈子，做一些流量变现的内容生意。

在**身份层面的自我认知**上，创作者必须有**一定的人物立场**，这并不是老生常谈的人设问题，而是处于**宏大叙事里的正义问题**。只要创作者的视频传达出来的**价值观是正能量的**，有利于**社会和谐稳定**，有助于**提升行业价值**，视频账号就能良性运营了。**杜绝假人设、虚假的内容、反社会题材**等，是一个视频账号的立本之道。而创作者本身的虚构能力、天马行空的想象力，并不会让视频内容被随意地分割为“上半场”和“下半场”。这在创作周期上不合理也不常见。因为此类视频的时长过短，难以区分上、中、下集，而且此类视频内容并不属于过于奔放的实验性的艺术风格，我们不可能在几秒钟之后堂而皇之地站在屏幕前，跟观众讲“下面是第二章的精彩内容”。叙事引力的作用在于视频的各部分内容是**环环相扣**的，属于**你方唱罢我登场**，且能让观众惊叹连连。而业内天天叫嚷着的“反转效果”“3 秒钟爆一个笑点”“5 秒钟出一个节目效果”，实属天方夜谭，因为我们无法找到如此大量的娱乐元素。况且，有的视频账号题材较严肃，不允许有搞笑的情节，也排斥那些幽默的文化氛围。以下我们举例进行说明。

前 3 秒钟的视频内容仅仅是介绍“我的儿子”的开场环节，我的儿子来了一场拿手好戏，先暖暖场子。

前 10 秒钟的视频内容就是“我们这一家子”，不管我们家有几口人，能讲的、不能讲的、讲得好听的、讲得不好听的，在观众乐意捧场的情况下，我们倾巢而出。

前 30 秒钟的视频内容，那就是“祖宗十八代”轮番上阵，将十八般武艺通通使出来。

我们从来没有否定过“短平快”的模式，只是**“快速叙事”**并不代表一定要在前 3 秒钟内将所有的内容讲完，事实上，也不可能讲得清楚，除此以外，就剩下那些弄巧成拙、赶鸭子上架的人了。哪怕是一个关于商品的宣传视频，我们也不一定要在前 3 秒钟内简单地走一个过场，强调前 3 秒钟的原因是希望我们的视频内容能够**从头到尾拍得精彩绝伦**，让观众喝彩连连，而不是卖弄关子，弄得观众丈二和尚摸不着头脑。**创作者**完全可以先将商品最光鲜亮丽的一面、最打动观众的一面，**用自己最擅长的镜头语言**展现给观众，而且也不用局限在前 3 秒钟内。对于这种艺术上的包装工作，创作者应该尽职尽责，这样才能让视频得到该有的传播力度与推广效果，最终皆大欢喜。只要不妨碍叙事语言本身，我们就不应该排斥那些商业化的元素。毕竟每个创作者都需要养家糊口，有一个稳定的经济收入来源，有一定资本力量的加持，在此基础上，我们才能更从容地面对创作本身而不会惧怕个人艺术生活瞬间终结。

第五章

素材选用、舍弃

第一节

信息流

控制素材的信息量

从大众传播的专业角度出发，假设我们把自己与观众看作两个相互独立的信息系统，那么作为互联网媒介，我们既是公众信息、集体情绪的**传播者**，也是帮助人们定义集群之中的信息价值的**生产者**。那么，什**么才是真正意义上的信息流呢？**

此处提及的信息流并非广义上的信息流，也和信息流广告或关于它们的 AI 算法推荐不相关，但我们仍然可以将它理解成由视频文本的语言形态转换成的一整套专用的编码系统及相对应的密码本。在日常交流中，有人经常会说：“这个人讲话总是话里有话。”**那么这个“话里有话”**

又是什么意思呢？我们将其转换成另一种创作语言来表示，即其中承载着**“过于巨大、繁多的信息量”**。前提是我们能**掌控整个素材的含量及作用力**。这看起来是非常抽象的概念，创作者**应该如何控制他的镜头语言的走向**呢？他们真的能够办得到吗？从某种程度上来说，我们的确是可以稍加掌控的。既然我们能够通过改变**自我的意识**来改造一组镜头里的画面感，那是不是也可以从叙事的结构本身出发，找到**一种专属的、特定的创作方向**，随之加以**改造**、**修饰**，通过抽丝剥茧似的细致工作，更加主观地创造出一个崭新的意象世界呢？答案是肯定的！从创作者的角度出发，视频文本本身并不具备形而上的创造真实世界的形式，但人类一直有这种重构个人的精神世界的能力。所以，哪怕我们在创作之初，面对的是千百年来约定俗成的表意文字，在不更改它们的阅读顺序的情况下，我们仍然可以**自由而灵活地运用不同的文字组合**，构建出一个全新的影像世界。而文本语言只是视频创作第一步的提炼工作而已，接下来，我们还要进行摄制工作，通过光与影的艺术魅力，进一步**深化个人对其世界的改造**。也就是只要建立了**互联网媒介的物质基础**，从创作源头上讲，创作者就完全有可能掌控整个叙事节奏，包括接下来要讲的情绪渲染等的主动权。通过下面的事例，我们就可以理解了。

这里有一个苹果，**它是我们的主角**，这点必须要让观众知道，所以得让它作为第一个“人物”出场，这是业内非常合理的创作手法，通常用来塑造主人公的个人形象。

它是一个红色的苹果，它有一个朋友是青色的苹果，不，也许是绿色或白色的苹果，不！暂停一下，我们还是害怕观众不明白具体意思，所以，今天只说这个红色的苹果吧！我们可以谈一谈苹果间的朋友关系，但最好不要提到绿色或白色的苹果，否则会造成信息超载，超出**观众所能理解的范围**，毕竟他们并没有全知全能的上帝视角，那是创作者的角度，而观众与创作者之间永远隔着相对立的第四堵墙，一面是舞台，底下是幕后人员，另一面是观众席，底下是粉丝。作为总是在有意无意间观察世界、收集各种社会信息的创作者来说，他们成了人类社会中的**信息收集者**，各类素材的**储存者**，各式文本语言的**相关处理者**，更重要的是在整个传递信息的过程中，还充当了信息的**发送者**。正如同上文所讲到的编码一般，我们把自己看到的灵魂世界用**一套较完整且个人化的编码语言呈现出来**，重新构建了一个崭新的影像世界，即我们所创作出来的视频内容。而在这个从脑海中陆续地输出丰富多彩的内容的过程当中，镜头所能触及的画面都可以算作创作者的个人杰作，也是比较主观的产物。那么在表达自我思想的过程当中，**“自己想要讲些什么”“谁有资格聆听”**等，在创作者拥有一整套完备的创作理论时，这些倒是可控的。更细致的方面则体现在我们对镜头语言的理解能力的深浅上。

我们需要拍一个关于苹果的镜头，并告诉大家直播间里只需要九毛

九就可以秒杀到它。

那么，我们拍了一大堆关于苹果的镜头，有的是把苹果摆成了九毛九的数字造型，有的是挑选了苹果中最大的、最圆的、最好看的几个做造型，有的是把苹果堆成了苹果山……可作为一个创作者而言，也许，仅仅从最单纯的精益求精的工作态度出发，我们根本就不需要浪费那么多时间来拍摄那些苹果，只要那个把苹果摆成了九毛九的数字造型的画面即可，因为它足够干脆利落，也让人眼前一亮，符合**我们的创作背景及相关主题**。

从上面的这个故事之中，我们找到了一种创作方向，那就是我们完全可以相对地控制镜头语言，自主决定它的最终走向。换言之，创作者可以简简单单地拍一些为**某些受众群体量身定制的内容素材**，例如，拍摄一些有关女性服装的画面，如果拍视频的初衷是为了吸引女性粉丝关注，或者引来一批潜在的消费者，那么拍摄出来的风格就有可能是男性粉丝不感兴趣的，甚至整个美术造型极有可能让他们讨厌或被认为十分乏味。在**有意识地偶尔讨好观众**，以及**下意识地拒绝某一部分拥有特殊审美的受众群**进入其中时，创作者的确可以通过貌似深入浅出的创作手法，用信息量的复杂组合逻辑，再加上自我形成的编码系统，直接操控那些视频项目的最终走向。不过，我们仍然相信，在看完了这篇长篇大论以后，不少读者至今也搞不明白**自己如何才能准确无误地控制在自我**

创作中传递的信息量。这是一种高门槛的信息传送的内容机制，并不是初学者在阅读过程当中就能学习到的，它更多体现在日常创作的过程当中，初学者需要花费大量时间进行反复练习才能习得。虽然这本书谈到的许多内容都不是初学者能够轻易学成的本领，但它们会让其内心建立某种标准，了解一些关于这个行业的最真实的看法。兴许，大家并不会在第一时间内学习到它们，但一定会在另一个地方找到接下来要讲的情绪渲染的创作内容。

第二节

情绪流

控制素材中包含的情绪

人类的情绪本身并没有那么多复杂的元素，也不能用可定义的商业价值衡量，只是在深入浅出的内容创作当中，创作者可以利用人们的七情六欲去实现**个体的关于精神升华的价值**，如当下人类社会中**苦难的价值**、传统文化中的**寻根价值**、家庭生活中的**亲情价值**，每个人终其一生所追求的**个人价值**，等等。实话实说，这些也是许多创作者终其一生的追求，尤其是在影像作品当中。有的创作者很喜欢用巧劲儿，他们非常清楚拍摄什么样的镜头能够直接让观众看得泪流满面，而且能精准把控哭戏的现场。要想让多愁善感的观众对着小小的手机屏幕突然间哇哇大哭，实现起来倒也不困难！怕就怕弄巧成拙，明明是一场哭戏，却因为演员哭过头了，泪水掺杂着鼻涕直流，让其他不怎么入戏的观众开怀大笑，甚至让本来痛哭流涕的观众笑出声来，这难道不是一种冷幽默吗？可以说，假如这是**一个特意安排的镜头**，那么这个创作者必然就是一个将“黑色幽默”的题材元素“玩弄于股掌之中”的高手。这也是不少观众讨厌煽情戏码的原因之一。当然观众都是有眼睛的，能分出哪种场面才是惨绝人寰的，差别就在于**代入感**的问题；再加上视频创作讲究用**短平快的叙事结构**，有时创作者还没用镜头语言一次性交代清楚事情的前因后果，1 分钟或 5 分钟的时间就已经过去了，片子也就播放结束了。创作者总不能让观众看完视频一脸茫然，所以视频画面中的情感渲染不得不加以强化，让屏幕前的观众品出**酸甜苦辣**来。当创作者构思了一出哭戏并呈现给观众后，最可怕的地方在于**观众根本没明白剧中的演员哭泣的原因是什么**，从而出现一个重心偏差的问题，有时也会出现让人哭笑不得、本末倒置的状况。也就是当我们花费了许多人力、物力及时间成本，拍摄了一场“惊天地泣鬼神”的哭戏后，观众**不是被感动到痛哭流涕**，而是转过头质问**演员做出这个哭泣的举动的背后原因是什么**。在他们看来，这个痛哭的本质问题是并不存在的，是一种不合理的社会现象，因此它不构成存在的可能性，所以就没必要代入其中了，自然而然地，身为幕后推手的创作者也就白忙活了一场。我们可以用一个事例来详细说明。

我拍了一个关于**新能源汽车的宣传视频**，这辆汽车性价比很高，还有国家政策补贴，代表了新时代的工业发展，等等。

观众在视频中看到的却是**一辆破破烂烂的汽车**，当时天很黑，路上的灯也不亮，汽车看起来灰蒙蒙的。而这辆汽车的售价竟然是 25 万元！这不是在开玩笑吗？

观众的情绪到位了吗？准确来说，这个视频让有的观众愤怒了！或者说观众的负面情绪到位了。从这个视频画面所传达的意思中，我们可以看到它的的确确影响到了观众对汽车的第一印象，假如我们换一个更为高明的创作者呢？也许，大家看到的就是一辆闪闪发光的汽车，它会如同闪电一般让人惊艳，别说售价 25 万元，只要将画面的质量提高，将观众的情绪渲染到位，100 万元的成交价格都不成问题。至少在视觉传达上，视频的确有着欺骗观众的能力，就连一辆泡过水的报废汽车通过后期包装以后，也能在镜头面前以崭新的面目示人。这就是艺术的魅力所在。同时，视频还兼顾**人性化的魅力**，我们可以让观众痛哭流涕，也可以引得观众哈哈大笑。

某种意义上的**真实画面是什么呢？**换言之，让观众哭出来的前提是**他们相信你的故事是真实的**，至少在那些虚构的故事情节的基础上，他们觉得一点儿都不像胡编出来的假故事。抛开相关故事的设定不谈，我们就算拍摄一辆汽车，也得让观众认可它原本在视频画面当中所呈现出来的真实面目，这就需要创作者与观众建立**充分的信任感**，即**有头有尾、有条理性的真实感**，这些东西看起来和情绪渲染并不搭边，可并不妨碍它们一转身就成了阻止观众入戏的绊脚石。虚假的情感一定是生拼硬凑出来的，哪怕只是拍了一个简简单单的苹果。**如果你的镜头连观众都说服不了**，那么又怎么可能让粉丝们下单购买，从而达到流量变现的目的呢？尤其对新手们来说，拍摄一个让观众大哭或大笑的片子是一件难如上青天的事情。当然，他们能够率先进入内容创作之中，感受其中的情绪变化，做到**先感动自己而又不仅仅沉浸在自我感动的牢笼中**，已是不易了！我们根据多年以来的行业观察发现，大部分的创作者都停留在**只能感动自己**，或者**取悦自己优先于取悦观众的阶段**，从这个层面来看，也就不难解释为什么创作者拍出来的片子总是掺杂着**稀奇古怪的个人情愫**。因为他们的表达方式是狭隘的，所以会受到观众的唾弃及严重的抗议——有的观众会在评论区冷嘲热讽，有的观众会给创作者发出无数条私信，恶语相向。究其原因，是创作者本身做的准备工作不到位，并没有**替观众着想**，毕竟，这些关于内容创作的视频项目多多少少带着**流量生意**的字面意思，我们既然要开门做生意，就不可以专门挑客人的刺儿，总是试图以打击他人（观众）取乐。作为货真价实的创作者，我们很难将自己置身事外，摆出一副视金钱如粪土的清高模样，更多时候，我们应该坚持自我，不媚俗，同时，应该**与观众打**

成一片，拍一些令人喜爱的视频。因为无论打广告还是其他的销售转化形式，目的都是流量变现。如果一定要二选一的话，我们倒是希望创作者率先进入**忘我的精神世界**，不要总挂念着自己能获利多少，而应该上善若水，随之才能收获喜怒哀乐。

第三节

高超的叙事技巧

叙事应该减少技巧性，让观众无法察觉到剧本和制作痕迹为最佳

一开始，我们都不太理解什么才叫“一个真正的叙事结构”，尤其是在早期的个人摸索阶段。它不是技巧性的，更像一个通识性的产物，有时也可以理解成擅于伪装的事物，拥有着修饰、美化等功能。所以有时它看起来是技巧性的，但它的技巧性源自观众对它的认知，而不是真正从技术层面深入研究后的成果；有时则是略显笨拙的小把戏，搞得观众捧腹大笑。不过，从某种意义上来说，这的确算是一种高超的叙事技巧，我们经常会在片场告诉演员：“只要你别演！自然一点！观众马上就会入戏了。”很多创作者在叙事的过程当中，总喜欢教育观众，明明一句话能讲清楚的事情，硬是拍了整整 5 个小时，最后硬生生地分出上、中、下三集。也有不少新手在学习了一个又一个新技术以后，总想着炫耀，在文本语言上**狗尾续貂**。本来能用一组镜头体现出来的画面感，他们专心致志地拍摄了 7 天 7 夜，还将整个制作周期整整拉长了不止两倍，而且预算超出设想的好几倍，最后呈现出来的节目却是玄之又玄的，甚至“货不对板”。学会**一种自然的镜头语言**，这是很多创作者根本意识不到的问题，例如，拍摄一个关于苹果落地的镜头，他们永远都不知道只要把机位摆在苹果树前，对着一个熟透了的大苹果进行拍摄，或者用自然一点的处理方式直接让人摘掉它，这样简单的方式就比你先从国外进口一大箱价格昂贵的苹果再拍摄要强上百倍了。可是很多端着架子、穷讲究的创作者就是喜欢摆谱，例如，他们设想中的龙门阵，其中的那条龙一定出自东海龙宫，或者被称为东海龙王的真龙，不能是来自西海或北海龙宫的龙，可观众眼中的“摆龙门阵”并不是字面意思上的龙门阵，那只是闲谈罢了。换言之，从观众的角度出发，如果观众认为有一条真龙出现，或者来自东海龙宫的龙王现身才是合情合理的，那么我们应该**顺应民意**，让一条真龙降世，这才是**一个让人美梦成真的创作过程**。以下我们可以举例说明。

这是一个关于点石成金的传奇故事，主角是一个落魄书生或穷苦道士。有一天，他在山中游玩时，无意间在山洞中捡到了一本无字天书，他掌握了点石成金的仙术，于是，一段传奇的故事就此展开了……

其实大部分观众想要看到的是什么呢？他们希望创作者不要总是讲述这个书生“祖宗十八代”的故事。他们不会听这些，也不会在意那块石头的质地更接近于黄金或其他物质，更不会关心这个仙术到底是不是骗人的，他们想看的是一个以普通老百姓为视角的点石成金的故事，就像没有几个观众爱打听皇帝平常喜欢干什么，但一定会有观众幻想皇帝用黄金锄头下地干农活儿的场景，这并不是什么愚蠢举止，只是在他们有限的意识当中，本该如此。

很多创作者总沉醉于画蛇添足的小把戏。**观众又不是智力障碍者，**怎么可能看不出个中的怪异。况且，浑然天成的创作手法是可以通过后期制作实现的，例如，**尽量避免剪辑工作，尽量避免后期制作中的二次创作步骤**，尽量在片场摄制的过程中形成一个相对完整的叙事规模；也不要过于强调蒙太奇的意识，或者不做分镜，直接一镜到底；在叙事的内容元素上，不要特意使用反转效果，尽量将戏剧节奏的借力点融入剪辑点当中，甚至减少不必要的剪辑点；可以通过单、双机位的场面调度，实现灵活的运动镜头；可以寻找一些隐藏的剪辑点，最好能呈现**更自然的镜头语言的处理效果**。初学者总是自认为历经千辛万苦，撞了如此多的南墙，以及天天挨前辈训之后，理应将自己的一身技艺通通使出来，故而准备在视频前 3 秒钟内介绍苏格拉底、柏拉图与亚里士多德等的师传关系。他们这样做的目的是相当明确的，不只是简单地炫技，还自认为他们的炫耀之中带着一些历史的底蕴，结果观众根本不知道亚里士多德等是谁，但业内的明眼人肯定清楚他们归根到底还会提到亚里士多德的《诗学》或三段论。这些创作者并不希望直接将最终的答案写在那一张试卷上，而是想从历史的根源上、从人类社会的发展近况上、从千奇百怪的层面上，兴许是解构的，是建构的，用后现代主义的故事语境讲述视频内容。从某种意义上来说，这种做法是正确的，只不过那一张试卷的主人公，甚至所谓的评论家并不具备批改试卷的资格。**那么，如果不是由创作者来答题，又该让谁来作答呢**？可能有的聪明人已经猜出来了，那就是**让观众来确定答案**，让**市场的真实反馈**、附带的商业价值来衡量这些创作者的具体价值。可能这样的说法也不够公正，可相对来说，在整个互联网的信息社会中，无论媒介将来会变成哪种状态，如早期的 PC 端、如今的移动端，或许到云技术成熟以后，它转化成各种样子皆可，唯一不变的都是**受众的形态**，他们还是原来的那群人。或许，到时每个人的面貌都将发生变化，人们对于各种事物的看法也将发生变化，无论如何，不变的是**交互性**，可变的只是交互方式，无论用电脑交流，还是用手机交流，甚至到最后用脑机或云服务器交流，我们始终是人类，我们不是外星人，我们都有七情六欲，会哭、会笑，会经历大起大落。**那么，创作者在其中又扮演了哪种角色呢**？我们可以是时代气息的**记录者**，可以是人类社会的**观察者**，也可以是一个父亲或母亲、一个儿子或女儿。当**具体到一个人、一件事物**、要展现出来一种简洁明了的人物关系，以及那一句要表达出来的话语时，我们就要提交那张试卷。另外，**不要过度叙事化**，把所有的难题都解决了，把所有的好话、坏话都说完了，应该让观众来评价我们塑造的反派角色，让他们赞美那些高尚的精神，留出**一个相对的空白地带**，在叙事方面进行留白。除此以外，另一种更高明的做法是，要像老师给学生布置作业一般，只有**填空题**，或者只有**选择题**，而不是既有填空题又有选择题。在这一部分上，我们可以尝试性地扮演老师，可以摆出一副说教的嘴脸。观众也并不排斥在现实生活当中令其极端讨厌的对象摆出一副说教的嘴脸，这也让说教本身有了另一层意义。观众并不是讨厌说教，而是讨厌那些只会为了说教而说教的人，从这个层面讲，没有任何一个人排斥视频“说教”主题，但这毕竟不是整个创作内容里的主基调，也无法作为主要的题材风格，从形式上来看也过于单薄了。所以，一些初学者会下意识地**将单一的技巧当成一种全面的技术**，甚至将屏幕对面的观众当成同行，把自己的片子当成纯粹的技术交流。是啊！这个镜头的构图多和谐啊，看它的前景，瞧！它的机位调度……观众根本就看不懂，但能十分清楚地晓得自己是喜欢它还是讨厌它，或者会无视它！在没有考虑过观众的观看感受之前，创作者至少要考虑**这个片子拍出来有什么意义，能不能挣钱，是否要赔本做生意。**

第六章

高质、高产量

第一节

限期交稿

避免制作期无限延长

你们永远也猜不到当内容创作的项目进度停滞时，它的第一个障碍物来自剧作本身——问题就出在编剧身上，因为他们写不出来，交不上稿子，所以片子拍不成了，直接胎死腹中。事实上，我们搞了那么多年的创作工作，还是没办法直面此类问题，包括写这本书也是一拖再拖。然而，**懒惰是创作者的天性吗？**这个问题我们根本没办法回答。大部分人想象之中的是一劳永逸的完美开局。从整个制作周期来看，如果我们自己没办法推进一个项目的进度，让项目停滞在前期创作阶段，连那些剧本或文学文本的工作都搞不定，那就更谈不上后续工作安排。相对来说，因为互联网上的内容创作周期较短，甚至有时我们上午突然有了一个灵感，中午勘景及做其他准备工作，下午就拉剧组、小团队出去拍摄，晚上剪辑出来，当天夜里就能上传到网站，推向大众。看起来内容创作的效率很高，有时我们还会只写好一个主题就进行拍摄，这是下一节要详细讲到的内容。简单来说，这种拍摄方法是**风格化**的，在固有的创作基础下，只要创作者到位了，导演到现场了，他们当场想到什么，就可以马上架机位，让演员表演出来，最后还能剪成一个片子，很多经验丰富的创作者都具备这种现场创作的特殊能力。那是不是就意味着在某种程度上，有更多**自由化的表达**与**无限制的创作语言形式**，才是一个优秀的创作者的成功之处呢？的确是这样的，但许多导演更需要的是要**有节制性的创作状态**，尤其是当必须在某个制作周期内完成这些片子的后期制作时。别总想着一开始就挑战那些极限模式，很多现场中的创作灵感，可能是创作者无心插柳柳成荫之举，也可能是创作者在**以往的工作项目的基础上做出来的创新**。因为他们项目经验丰富，创作力十足，不会痴迷于某一类型的系列作品，他们在接触不同风格作品的同时，又能在自我认知的文化基础上，加入**个人的理解**，最后产出通俗作品——具有**商业化的表达意识**，并尽可能**通俗易懂**，以便传播给**更多的观众**。这并不是一天两天能做成的事情，就像罗马不是一天建成的一样。

接下来，我们会从多方面论证限期交稿的重要性。

关于目标性的指向问题。学会限期交稿，可以让创作者快速完成每一个季度性的前期目标。说到剧本，大家总免不了采用**内容为王**的一般逻辑，却不知道它的难点在哪里，最终造成一种无从下手的难堪局面。实际上，这个难点就是**剧作难产**的根本问题。大多数项目，尤其是很多案例更像不经意间、歪打正着的杰作一般，创作者可能在上厕所时，不知在何地发呆时，吃饭渴了要喝水时，路过某些陌生人或朋友时，夜里做噩梦惊醒时，突然间心头涌现出了一种或接连不断的好几种灵感，然后暗暗下定决心，要做一个新项目，起身注册了视频账号。而接下来的第一步无疑是创作**剧本**，而且是**大量的剧本**，最好是**不同风格类型**或**限定在一类至几类当中的剧本**。第二步则是**挑选自己的团队成员**，以及**整合基本的资源配置**。如果是个人创作者则相对简单一些，找到**拍摄场地**，带上一个三脚架或自拍杆便可以开始工作了。可是少有新手会做项目的**人物原型测试**，或者**内容基调的定点测试**。有的创作者也不会**试拍一条至几条样片**，制作**一个真正的 1.0 标准版的内容创作模型**等。这些相关性极强的耦合工作看起来风马牛不相及，实际上是唇齿相依的。当我们忽略它们之间的关系时，一些大小不一的毛病就会出现，如**间歇性的工作脱节**、**成员罢工**、团队成员间的**沟通成本**激增等。

关于设立**分工合作的技术标准问题**。学会限期交稿，是从源头上解决参与前期制作的成员的拖延问题的根本手段之一。尽管在前期的内容工作中，创作者只在文字语言中解释一切，用方案、剧本、案头工作为后面的摄制工作**尽可能地扫清一切障碍**，使最后再也不会出现“巧妇难为无米之炊”的难题。古人在行军打仗时皆知得粮草先行，而我们的剧本就像那些喂饱士兵的干粮。只有我们拿出**足够多且优秀的剧本**，给团队成员吃下一颗定心丸，他们才有干劲，并且也会明白分工合作的重要性。既然我们有了剧本，那就要开展拍摄、剪辑等后续工作。作为摄影师，他既要考虑**镜头**和**机位**等事项，也得把控整个内容素材的最终质量，因为之后还要交付给剪辑师做后期工作。当整个内容制作的基调定了一个大致方向以后，剪辑师也得提前做一些准备工作，如找竞品片子分析它们的**叙事节奏**、**画面重点**、**视听效果**等。演员和导演身上的担子则比前者更为沉重，若演员一时演砸了，就易使项目难产，一时间流量急速下跌，而导演是纯粹的创作者，多数情况下，剧本也是出自他之手，到片场摄制时，他便要考虑剧本的实际操作问题了。例如，哪些内容在想象中能呈现出天马行空的动人画面，实际上因为**资金成本**、**摄影技术**、**场地**、**天气**、**演员表现力**、**个人审美能力，以及各种天灾人祸问题**，会半途而废。切记，低于 60 分合格线以下的剧本，除非处于无力回天的状态，不然就尽可能地从头再来一次。否则我们只能删掉某些镜头画面，留着下次再做一回尝试。创作者永远都不可能交出一份让自己足够满意的成绩单，坚持下来的话，倒是常有**一些单项满分的个人答卷**。放在真正的天才身上则不同，他们总是在一出手时，哪怕是不成个人风格，交出的试卷也能无限接近于满分。这就是一般的人才与天才的一大差距。

第二节

风格化

节目主题化，缩短制作期，提升作品质量

我们根据多年的创作经验发现，一个创作者形成个人风格并不是什么好事，就像要求一个厨师一辈子只能对一道菜或几道菜感兴趣一样。不过从商业化的角度出发，假设风格化决定了观众给创作者打的印象分，如**他是一个什么样的创作者，他有什么风格化的类型元素**，这倒是好事一桩。个人风格不是给自己设定**一个禁区规则的技艺标准**，而是为了方便创作，可以给观众**在一定时间内留下总体上的印象**，以及**塑造整体上的形象化的第一辨识度**。看到这里，我相信仍有不少人不理解这些道理，因为这是一个新奇视角，风格化是带着一些**精神分析的技术手法**

的。有的人自认为可以有意识地打造出自己的个人风格，但这种风格仅仅停留在一般意义的主观层面，属于创作者自言自语的产物。在给一个人的作品风格、类型元素下定义时，更主流的、更官方的方式是以**他人的视角进行评定**。所以，评审团的成员必然是**所有的观众**，而不是创作者。既然是**观众集体投票**，那么风格化的作品就免不了类型元素的存在。只有当我们比较客观地看待**某一个主题**并详细了解**它的受众群**时，拍出来的片子才算是风格化的内容，例如，主打爱情元素的片子，至少能够捕获不少女性观众的欢心，而动作元素占大头的片子，多多少少能够讨一些男性观众的欢心。这不是根深蒂固的偏见意识，而是许多科学研究总结出来的结果，也是几十年来市场反馈出来的一些认知动态。我们所强调的节目主题化只是为了划分**受众群**，**缩短制作时间**，进而提升我们的视频内容质量。例如，既然我们知道自己拍出来的片子是给女性观众看的，那么为什么**不率先考虑加入爱情元素**，**她们特别热衷于讨论的日常主题**，以及时刻影响**她们自身的生活准则**呢？确定主题的方向是为了尽可能地给后续的文本创作留下**打磨剧情、提升作品质量的充足时间**。说来道去，这些都是相辅相成的，仍旧会回到最初的起点，反哺创作本身。这是一个永恒的主题，从创作本身出发，**所有的起点都会指向同一个终点**，这个终点又会是**一个新的起点**，因为创作这件事情就是永无止境的，从某种程度上来说，创作就是在永无止境地追求另一种永无止境的人生境界。这样一来，我们就能提升整个内容创作的质量，那么，**提升内容创作质量的关键是什么呢？有人认为关键是拍摄出来的片子。**

看起来像是那么一回事，实际上，这是一种过于片面化的表达，因为创作者，包括这本书的作者，都不会马上迎来死亡。也就是我们可以在柏拉图的身上看到苏格拉底的影子，在亚里士多德的身上捕捉到专属于苏格拉底与柏拉图的特殊气息，今时今日，创作者当然也能够从他们的身上感受到熟悉的文化气息。当然，这只是一个简单明了的例子。事实上，我国的创作者受东方儒家传统文化的影响大于受西方传统文化理念的影响。可以说，划分不同性别的文化社区，只是为了从相应的观众群的角度理解**整个世界的构成形态**。假设片子只是**拍给特定观众看的**，创作者就应该至少有着**统一的方向和行动步伐**，这样也能相对减少不**必要的沟通成本**，增强创作者的**风控能力**。就像很多创作者在当上了项目的实质领导人以后，都会优先考虑资金成本的问题一样，早期的创作者其实不必过多考虑自己的一两个小灵感能不能成为一个真正的作品，尤其是面对系列剧及**体系化的内容创作**，我们会发现**仅仅靠着一两个创意是难以支撑整个视频项目的运转的**。因为我们在接下来的日子里，还需要**10 个、100 个、1000 个与之不同的新创意**，而它们也要符合创作者在作品之中的叙事要求，两者之间具有一些文本结构上的相近基因，并不是“阿猫阿狗”皆可融入其中，或者自成一派。

第三节

集中制作

高产作者，提升制作效率

创作者只有在有了身为一个制作人的意识以后，才会拥有那张摆在桌面上的、真正意义上的**制作周期表**，之后他们按计划工作，逐步进入**集中制作的创作模式**。可大部分的创作者根本没有夯实自我的内容基础，径行搞集中制作的创作模式，还自认为团队中其他成员可以立马接受这种**看似简单实际上艰难无比的挑战**。无论出于技术面的考虑，还是出于创意层面的思考，抑或出于项目落地的执行，他们这样做都不会有一个好结果。俗话说："饭要一口一口吃。"可很多人都是不按步骤走的，也没有一个**详细的计划**、一个**工作小结**、一些**短期目标**，以及**季度期的**

成果验收，所以他们在创作的过程中一旦受挫，往往摆出一副“命里有时终须有，命里无时莫强求”的可笑模样。实际上，这都源于他们从来没有认真看待这个内容创意的互联网市场，充其量是个小角色罢了。他们把自己的工作劲头放到了莫名其妙的方向上，最终南辕北辙，跑进了一个误区。而这样的作茧自缚之举，非但未能让他们安稳度过所谓的新手期，挨过第一波内容市场的铁拳，反而让他们借着几个专业术语，一边唱衰这个行业，一边企图通过胡乱评判这个行业塑造出导师的身份，以实现自己从内容创作者转型为培训专家的目的。任何一次或重大、或微小的失误都不可怕，最可怕的是**错误地评估市场**，这放在许多在公司上班拍片子的创作者身上也是如出一辙的。对于很多类似于小作坊的创作模式，甚至谈不上自成一派的内容体系的项目，创作者身在其中，的确是**市场信息闭塞的一方**。再加上公司领导对此类行业不抱有太多投资热情，认为公司根本就没实力，也没时间投入那么多人力、物力和财力，自然而然地，所有人都开始不看好这个内容创作的市场与网络视频行业。无论我们的流媒体工作做得好与坏，一套标准化的验收流程都不会存在，有时连 KPI 考核制度都不会存在，那么，创作者的心理压力又从何谈起呢？更多时候，当将创作者放到一个过于松散无序的项目中时，他们可能是无法安稳地度过新手期的，甚至连基本的亮相机会都没有，完全是在自娱自乐罢了，他们从来不需要**找观众要答案，找市场要数据反馈**。对于一般意义上的工作而言，尤其是在加班情况盛行的当下，这无疑会是一份极其轻松的工作。可他们就算处于辛勤工作的现状之下，也不会改变**他们只是在假装努力做好内容**的事实。另外，我们在上文中提到，要**把控好项目的制作周期**，尝试**标准化的工作流程**，从而让工作**效率最大化，减少创作者的制作压力**，并且**反哺前期内容的文本创作**。我们应该给创作者提供**更多的创作时间**，让他们进行**思考，总结经验**，同时，也应该留出一部分时间用来**验证整个内容市场的环境变化**。现如今，部分看起来已经功成名就的大网红、大主播和已然转型为中青年企业家的创作者，仍然在过度地强调市场环境中的固有波动性，声称行业的淘汰率很高。尽管网红产品的生命周期是极其短暂的，如同烟花绽放一般，但这种观点是非常浅薄的。很多创作者只有在受到市场化教训时，才能真正意识到什么叫竞争性，并得到**真正的后台数据反馈**，不是冷冰冰的数字游戏，而是有人情味的网民支持。也就是他们终于连接上网络，开始与这个世界的网民一起在网上冲浪，并逐渐地转变成名副其实的网络视频创作者。这是他们第一次尝到甜头，也是第一次吃到苦果。很多人在接下来的几年内，尝到的甜头只会越来越少，无奈咽下的苦果却数不胜数。归根结底是因为他们没有平稳地度过新手期，他们没能一次性地解决遇到的那些难题，尤其是没能妥善安排那些新手期的混乱无序的创作，更谈不上有机会修正后面遇到的棘手问题了。

第七章

后期

第一节

剪辑决定上限

整理素材，才是创作的正式开始

大多数时候，当我们在后期制作时，才能意识到**问题可能出现在哪里**，这至少证明我们正逐步地转变成**合格的创作者**，我们的脑海中产生了**前、中、后期制作视频的完整思路**了。这是一个好苗头，放在创作上，是极为健康的思想变化。相比之下，一个技术足够成熟的创作者在选择自己的创作对象时，总是**尝试多于选择**，而后者通常放到了后期制作上。也就是我们要有意识地在前期创作工作中拓宽思路，哪怕放到片场摄制中，因为不可控制的种种因素，根本没办法让它们具象化并有头有尾地展示给观众，也不会影响前期我们在创意内容上的永无止境的攀登工作。前期的创意策划，永远都是**创作者不仅要胆大心细，还要释放能**

量的过程。创造者先寻找出**另外一种可能性**，然后**求证**，根据现实情况做出**种种改编**，并不是一般的根据某些事实而改编，它更为纯粹，是形而上的创作意识。当创作者带着种种叙事的可能开始下一个步骤时，又会出现种种新的不可能，有时是无法办成的一件事情，而它的出现充其量是因为创作者无能罢了。或许，换一个才华横溢的创作者，换一支技术相对成熟的创作团队，就能干出一片新天地了。无论如何，只有到了后期制作时，我们才会真正地意识到**前期有些工作是多么无聊，拍摄时有些工作是多么浪费时间**，而到了剪辑工作时，我们才会发现**怎么缺少了那么多的镜头画面，该有的部分并没有填补进去，原来设想的创意被拍成了一大堆可有可无的素材**，等等。这只是我们在后期制作当中，需要跨出去的第一步而已。只有**学会整理自己的素材仓库**，才会达到第二节所讲到的真正意义上的**"变废为宝"**的剪辑境界。一开始，创作者只会在后期制作中整理那些拍得一塌糊涂的素材，那些让演员看完都拒绝配合拍摄工作的滑稽素材。随着工作经验的增加，创作者就能在片场中，整理自己接下来需要拍摄的画面素材，有时也会粗略地过滤一下已经完成拍摄的素材。可以想象的是，在现场拍摄时，导演不是总在专心致志地指导工作，除了进行相关的视频创作，他们的工作也是与团队其他成员相配合的。如同一幕戏剧演出一般，有开场白，有主持人报片名，有下一场的预告，有落幕，同时也会有现场工作人员指引观众进出场，以及对外宣传。由于创作者的工作是**综合性**的，这种综合性并不只体现在**表演的部分**，还体现在**文本创作**、**摄影技术**、对**社会的观察**、对**团队管理及市场投资的见解等方面**，更多时候，无论创作者在做哪种关于创作本身的事务，做的都不可能只是一件简单的事情，一个只停留在执行层面的事情，一个能够单独运转的事情。这也导致了他们在日常工作当中无论做出何种举动，最终都有可能指向同一个答案，也就是回到内容创作上。这也是为什么有些创作者**总是不受束缚，讨厌制度僵化，不想过按部就班的生活**。工作时间长了以后，创作者总是会在一开始就思考如何整理那些天然的、人为的素材，尽管还没有进行实质上的拍摄工作，也并不妨碍他们在脑海中**构建自己的原生素材库**。有时因为项目做多了，片子拍久了，创作者手头上还有**一些可以暂时做替代的内容**。这在我们的前辈——那些电影文本的创作之中是非常普遍的。一般在电影创投项目的计划书中，我们总是能够看到某个新片子的参考案例是某部以前的商业电影，而演员则是市面上的那些著名演员，最后还会有模有样地预测一下——假设这个片子拍出来以后，按照现在的市场行情，票房成绩如何等。这放在流媒体上的创作者身上也同样适用，而且他们的素材并不是一般的画面，也不是一组多长或多短的镜头，而是**演员形象、场地要求、技术人员的职业素养、预算投入的基础成本**，等等。“剪辑决定上限”，整理素材，只是创作开始的第一个步骤而已。

第二节

变废为宝

独到的节目理解，可以将失误变为亮点

看到这里，大家一定会明白建立**一个属于自己和团队成员之间的素材仓库的重要性**了。相反，我们倒是看到不少创作者只停留在**片面的认知水平上**，他们十分重视**素材存储的部分**；也看到不少创作者曾经大费周章地创建各类**个人、公司共享的云服务器**，企图从硬件上避免在后期制作中发生的意外、风险。从职业态度来看，这无疑是好的，但我们今天不只谈软件和硬件之间的各类区别，以及各自应该强化的内容。**做好素材备份**，并且**多份备份**，是一个合格的创作者应该做到的事情。另外，在本章第一节提及了在前期创作中创作者总是**"尝试多于选择"**的问题，这也是本节的重要内容之一。经常拍一些质量差的画面，是一件让很多人无法接受的事情，在可控的前提下，我们可以将这些本来要做废料处理的画面，**回炉重造**，也就是把它们**变废为宝**。那么，我们可以再延伸一下，**多一点尝试**，**多拍一点实验性**的作品，前提是在**风险可控**的情况下。**多一点挑战**，也不会影响到创作本身，因为创作本身就是一件困难重重的事情。当我们积累了许多创作经验以后，就会对自己的项目**有一个基本的了解**，同时，我们必然对项目有着**独到的个人见解**，可以将**失误转化成别出心裁的亮点**，从而达到**“化腐朽为神奇”**的超然境界。这些只是变废为宝的第一步而已。接下来，我们就要学会抓住稍纵即逝的机会，例如，我们在看某个演员表演时，捕捉到**一种创作的可能**。哪怕是简单的笑场，看起来只是**演砸了**而已，也有可能激发我们潜在的、爆炸性的创造力，我们不只会在后期制作中留意到它的存在，更多时候，尤其是在片场工作时，我们可能就已经意识到了**隐藏在它背后的深远意义**了。这也是很多新人导演不会调教演员的原因之一，他们压根儿就察觉不到里面的暗流涌动。在创作过程中**要想通过画面来捕捉人们的七情六欲**，创作者一开始就应该把焦点放在演员身上，然后进行反复验证。这不是简单的 NG 镜头，有时，之所以会出现对画面掌控能力的低评分，是因为许多创作者连基本的人物叙事能力都不具备。例如，从某种意义上来看，让演员现场哭一次和拍一场哭戏却拍“烂”了完全是两种不同性质的创作手法。前者是创作者蓄意而为的，属于不达标的工艺过程，但其背后也有一个基础的技术标准为指导；而后者是创作者临时起意的，属于锦上添花，创作者既然想到了它，就应该先拍出来，顺便锻炼下那些演员的演技。不要小瞧了这个变废为宝的创作过程，虽然更多时候它只算得上一种初级手段，它的手法看起来也并不怎么高明。实际上，创作者需要做的是**灵活地运用剪辑思维**，不是简单地将片子拍出来了，顺便剪辑一下，而是**从一而终地贯彻落实其主体思想**，不光要在后期制作的时候思考片子的剪辑问题，在**拍摄、选角、策划、写剧本的时候，在第一个灵感来了之后，只要有合适的机会**，就应该加入那些变废为宝的剪辑思维，**多做一些准备工作，找到一个突破口**。创作者的每一个工作，从来都是由浅入深，再从繁至简的精炼过程。有时，哪怕是一个简单的失误画面，如演员笑场了，只要创作者换一种创作思路，把这个搞笑或让剪辑师感到头疼的镜头放在某个事件前做点缀，当成某种转场的节点，抑或作为开头部分，也不失为“废物利用”的创作手法，从而达到“化腐朽为神奇”的效果。当然，这仍然是第一步，这样穿插画面，有时不过是为了凑时长罢了，或者是碍于创作者当时的固执要求，一个本不该出现的画面，让演员及其他现场工作人员折腾了好长一段时间，最后却搞砸了。可这个镜头也是大家煞费苦心才拍摄出来的，假如不把它放进片子里，就有损于导演本人的威严。这虽然**只是创作者为自己找台阶下**，强行凑时长，但事后发现这个画面居然用得恰到好处。此类巧合并不多见，更多时候，在视频中放一个看起来格格不入的画面，也就意味着**多了一条主线**，至少在某一段时间内，当它单独出现时，观众无疑会认为**多余的画面“溢”出来了**，认定这个片子是“**臃肿”不堪的**。那么，**到底应该怎么补救呢**？这个答案我们会在第四节中讲到。总而言之，视频需要呈现一个相得益彰的节目效果，并不是用画面硬凑时长。

第三节

靶向强化

针对不同平台和受众，控制分镜风格

我们在面试各类创作者时，总会问几个保留问题，例如，你**平常喜欢使用什么类型的 App？你的网龄为多少年？你有没有特别喜欢的创作者或讨厌的视频账号？**很多创作者都如数家珍，但大部分只是看起来像专业人士而已。一方面，这个行业的从业者过于年轻化，基本上以“90 后”“00 后”为主，他们其实从小到大很少有时间接触网络，更别提当一只名副其实的网虫。另一方面，不少创作者不爱出门，失去了很多与人打交道的机会，自然而然地，他们写的东西有时会极其幼稚，逻辑也相当简单，有时只是靠当时热门的素材，再加上一些技巧罢了。很快，他们就会江郎才尽，陷入**自我矛盾中**，时而感觉自己是一个天才，实际上是一种追风口带来的假象，时而又自认为大器晚成。这一切都是互联网上的社会假象——不是江郎才尽，而是驴蒙虎皮。能够小有成就也是要有几分天分的，至少要长期坚持。因为当我们越来越熟悉某一类平台的用户属性，进而挖掘到某些用户的实际需求以后，就相当于完成了**从借鉴、模仿到自我意识觉醒的思想转变**。归根结底，他们仍然处于二次创作的基础层面，也少不了戏仿，可是，能够相对完整地实践下去，再借助"天时地利人和"，就已经是 2022 年头部创作者的天花板了，兴许，也会是 2088 年以后头部创作者的天花板。从某种意义上来说，这些流媒体上的创作者的准入门槛并不高，上限也并不低，这看起来有一点儿贬低同行甚至贬低我们自己的恶趣味，可事实上，正是由于这个行业门槛低，才呈现了百花齐放的繁荣景象。无论你从事什么职业，产出的是什么类型、风格的产物，只要足够商业化，就会获得一时成功，拥有一小部分的关注者，哪怕挣不到很多钱，哪怕只是一个副业。不要揠苗助长，进一步夸大这些流媒体上的创作者的基本素养，除非他们真正地创造出了伟大的作品。之所以要强调**"打靶"**或**"靶向强化"**的问题，是因为很多创作者意识**不到自己用"枪"射击的运动过程**，他们总是以为每个视频网站的用户数量都是固定的，用户的审美品位和他们自己的是一致的。事实上，**各类平台的实际用户并不是创作者肚子里的蛔虫。就算创作者在饭桌上拍一个西瓜炒月饼的镜头，也不一定会上热门。**尽管"西瓜炒月饼"

是一种好的创作方向，但大部分的创作者连基本的“西红柿炒鸡蛋”都拍不明白，观众更不会知道他们发布这样的视频**有什么意义**。在前文中，我们说过**填空题、选择题任选其一，不要和观众绕圈子**，我们并不是天才剧作家，只是普通的流媒体创作者而已。况且，大部分观众能够宽容创作者的庸俗无趣，只要观众理解之中的庸俗无趣即可。毕竟，观看网络视频与买票进电影院不同，观众不需要在黑漆漆的环境中安静地坐 120 分钟，只需打开手机点击 App，观看完一个视频，接着刷新下一个视频，还可以给喜欢的视频点赞加关注。所以，互联网上的观众可以忍受创作者的平庸，因为这种平庸也是他们身上所有的，创作者其实给观众提供了**一个相对免费的内容服务过程**。况且，某些创作者在分析每个平台的用户属性时，总是头头是道，例如，抖音的观众喜欢看快节奏的视频，快手的老铁市场则比较下沉，小红书上的女性用户特别多，B 站上的小孩子喜欢“玩梗”和吐槽，知乎上的用户总是在不必要的较真与编故事之间来回切换等。这些都是粗略的个人评价，并不够客观，也没有加入垂直领域的行业分析，做不到**具体行业、具体事例、具体人群具体分析**。我们应该向每个平台上的优秀创作者学习，学习他们的优秀之处，尽管他**们的长处用在其他平台上是不一定合适的**，但一定在某个平台上满足了**某些用户群体的核心需求**。

第四节

节目效果

故事中的一切信息，始终要紧紧围绕最终节目效果展开

前文讲过，有时我们能够控制自己的叙事方式，调制其中的信息流速，当然，它们并非一个又一个独立的个体，有时也可以联合起来，进而形成一股力量，给屏幕前的观众带来强烈的冲击，甚至影响当下的年轻人，从文化层面引导他们。对于整个项目或视频账号的节目效果而言，我们自始至终都希望它围绕一个中心点展开，从而营造出一种新世界的和谐氛围。有的创作者固执己见，但这种固执己见是他们的正常反应，而有的创作者过于固执己见，最后收效甚微。天才往往有着始终如一、坚持到底的品质，而剩下的一般人才，在那些本不该钻牛角尖的地方一直撞南墙，撞得头破血流，也无法证明**他们拥有多么不可忽视的宝贵才华**。我们只有**抛开对一切事物的成见**，才能**真正地走进观众的内心深处**。这其实就是“节目效果”的字面意思——**让观众取笑你，让观众纷纷哭泣，让观众感觉像是看了一出好戏**。当我们在场下敲锣打鼓时，演员们在台上挥洒汗水，最后掌声雷动，观众欢呼，热捧我们，对我们竖起了大拇指，场上的赞美之声不绝于耳。对于一般的创作者而言，尤其是拍商业类型片子的创作者，再也没有什么比赢得观众的掌声更让人激动的了。你的片子**到底有无节目效果**，根本不需要过多调查——打开天窗，听一听外面的欢呼声，看一看自己的视频账号的**后台数据反馈，有多少人完整地看完了这个视频，又有多少人因为它而关注你、给你发信息赞美你、在评论区做出一些评价**……很多创作者是抵触这种**亲民情绪**的，甚至从来都不知道如何才能跟**自己的潜在用户群、那些可爱的观众打成一片**。一个好的节目效果指的既不是有大爆炸的动作场面，也不是有撕心裂肺的爱情故事，而是先去**讨好你的观众**。也就是放下“造物主”的身份，和观众真诚交流。创作者并不比任何一名观众高贵，在这个流媒体的创作舞台上，人人平等，再加上有了交互等功能以后，创作者与观众之间的交流更像是**知己间的谈心**，哪怕是单方面的，至少双方在**某些事件**上达成了**共识**。创作者一定要抱着**求同存异的心态**，不要故意在网上找敌人，发视频攻击对方，引导歪风邪气，做起事情来一定要以**正能量为支撑**。“黑红”的毕竟是少数群体，而那些炒作起来的网红也只是昙花一现。一个好的节目效果需要具有严格意义上的**“穿针引线”**的功能，而不是让人眼花缭乱，有的创作者还自认为布下了“天罗地网”，能将潜在的用户群体“一网打尽”。从敬业态度来看，这是积极向上的。但心急吃不了热豆腐，一条故事线要围绕整个节目效果展开，让观众看了有说有笑，就已经相当成功了。那根代表着节目效果的银针，是创作者用铁棒日积月累地打磨而成的，若创作者用它刺向观众的专属穴位，就如同打开了观众站起身来、给片子大力鼓掌的开关。它不是写在课本上的知识点，而是创作者通过对**整个社会的某类人群的观察而得出的总结。**

第五节

最后一步

反复检查，但不要反复返工，节目不需要面面俱到，而是要越做越好

干大事必须一气呵成。不过，一鼓作气后，有时我们也会以“再而衰，三而竭”的惨剧收尾。

作为过来人，我们还是衷心地希望大家不要总是过分担心，只有天才才会一气呵成，一出手便势如破竹。兴许，现在的我们都不是天才，都需要经历一波三折的岁月。既然没办法在短时间内出人头地，我们就应该埋头苦干，把每一个制作关卡守好。因为拍片子一事，**一定要“一步到位”**，在整个创作过程中，无论文本写作、片场摄制、后期制作，还是那些简单的人员安全问题，我们都要尽力而为，让它们处于**一个越**

来越好的发展趋势中。我们不会要求那些新人创作者面面俱到，他们没有那么老练，经验较少，管控整个项目组的能力也很弱，甚至无法掌控自己的创作团队。我们想要告诉大家的是——在诸多内容创作的环节中，只要用心去做即可，**不要走回头路！**在那些新人总会犯错的地方，要做一个属于自己的总结，**尽量保证不会有下一次**，只有这样才能成为发展得越来越好的创作者。正因为很多创作者在内容创作过程中总是**粗心大意**，导致团队的返工量巨大，工作效率低下，团队成员离心离德，最终，项目黄了，团队成员也各奔东西。**为什么一定要强调"反复检查"而不是"反复练习"呢？**因为前者意味着创作者能够从每一次审视作品的过程中，慢慢地找到一条更容易让观众入戏的路径，如减少诸多不必要的环节，在优化某些内容的同时进一步增加内容的丰富性，从学会**选择自己的镜头语言**走向**让观众沉浸其中**的高级境界等。如同写一篇文章，我们通常不会在同一时间内写 10 篇、20 篇内容差不多的练习稿，因为拍视频是**一件非常商业化的事情**，需要**很多的内容元素**，我们发布的每一个新的视频都需要**有比之前的视频更加从容的表达方式**，这也是创作者的一大进步标志。所以，我们没时间练习，且必须拍好每一个作品，它们代表了**我们当下的最强实力**。

当创作者已经意识到**当前处于内容创作的最后一步**时，就应该**趁热打铁**，尽可能多地增加一些**个人特色**，如在视频中讲出来的话语，采用**让人较容易理解的表达方式**，让观众更好地理解**其中的思想**。通常在这一重要时刻，我们就像一群即将游到岸边的游泳运动员，也许，只有一个人是冠军，前三名才会有奖牌，但在这个内容赛道里，**山长水远，未来可期**。一开始新人创作者都会经历“溺水”，根本就游不了几米，那就**少拍一点**，拍的**时间短一些**，**要求放低一点**。同时，抱着**做精品**的职业心态，给自己一个学习的机会，一边打好技术基础，一边了解市场数据的真实反馈，以便于完成下一次的拍摄工作、下一个视频账号的策划、下一个新的项目。更进阶的方法是**从头至尾反复检查**。我们既然无法经常返工，那么从一开始就要**做好十足的准备**，在落地执行时，**反复检查**。当走到最后一步时，**再向市场反向验证**，用后台的数据反馈总结出**一个商业化的结论**，让我们的视频项目具备越来越多的商业价值。这才是流媒体上的创作者创作的本意之一。当做了很多年的项目以后，创作者就会理解隐藏在其商业价值背后的**自由度有多么重要了**。有了**巨额的投资预算**，就可以组建一支相对**优秀的技术团队**，找相对**合适的场地**，挑出**彩的演员**，拍**能代表自己的片子**，这也是**观众最为期待的内容之一**。

第八章

运营

第一节

预测并推演市场反响

要弄明白自己哪里出了错

在写这本书之前，我们就认识了很多做内容运营的朋友，也见过不少运营大神，但他们中几乎很少有人是带着**扎根于互联网社区的文化气息的**，也就是他们缺少一种**真正意义上的互联网人的精神状态**。在互联网上，他们从来不会分享自己的真实情绪，也不会融入文化社区，不像我们有时会在猫扑里做任务、拿猫扑虚拟货币，在天涯社区发帖子“钓鱼”，到某些游戏论坛里抢当版主，在博客里写文章、赚人气，还有早年间在各种各样的海内外视频网站上，制作一些如今看起来不着调，实际上是**互联网的精神食粮**的视频。曾经，有的创作者看到了**贾君鹏**、

“**犀利哥**”、“**凤姐**”、“**芙蓉姐姐**”、“**奶茶妹妹**”等许许多多的网红，而有的创作者还没有来得及上网冲浪，可能是在上补习班，也可能是对电脑不感兴趣，便在青少年时期错过了整个中国互联网的萌芽阶段。等到接近成年或已经成年以后，他们就不太可能**突然间沉迷网络**，至少不会对很多垂直领域的社区文化感兴趣。因为 AI 算法、当今的热门 App 都是相像的，**题材风格大多一模一样**，无论在抖音上、在快手上、在小红书上、在 B 站上、在西瓜视频上，还是在其他国内外视频网站上，人们已经不会产生那种**通过点击一个搜索引擎的关键词而发现一扇新世界大门的感觉**了，因为现在的搜索引擎基本上前几页都是广告，而且有不少图文类信息流广告也在悄无声息地转变成视频类信息流广告。这是一个不可逆转的社会时势。既然网络视频制作是大势所趋，我们对视频账号的运营者就要有更高的技术要求，至少，我们不会建议**在任何一个团队中、一家公司里，让连基本的镜头语言，前、中、后期制作都不了解的人担任运营者**。他们运营的不是一个 App，他们也不是产品经理，他们是视频账号的运营者，如果他们**自己都不知道拍片子的基本逻辑**，只会动一动嘴皮子，那么很难让人相信他们**真的具备运营一个账号，甚至打造一个 IP 及孵化 KOL、KOC 的能力**。运营者并不是做文案工作的，他们是与内容市场打交道的一线人员，也可以说，他们是内容市场的一线制作人。他们除了要参考宏观数据，还要进行**精细化判断**，具体到一**个镜头的美感问题、演员选角等细节上**。自然而然地，大部分运营者都是由创作者兼职的，尤其是在新项目刚起步时。因为一个**需要负责到底**

的运营工作，是**无法与内容制作脱节**的，但在大多数公司里，运营者并不了解内容制作的工作流程。有的运营者甚至连对自己的视频账号做一个简单明了的介绍都无法完成，这虽然很可笑，但在这个行业中，却非常常见。在运营者的个人简历之中，他可以摆出一些后台数据，数据并不会欺骗人，当时的确是这位运营者在负责打理这些视频账号。至于**谁拍，谁出镜，谁管理团队，谁管理所投入的人力、物力和财力**，这些就难以从那一大串代表着工作业绩的后台数据中分辨出来了。那么，**那些不懂内容创作的运营者能够进行市场调研、竞品分析，以及根据不同的运营风格制定出切实可行的运营策略吗？**答案是否定的。他们连片子都不知道如何拍，怎么可能把账号运营好。就像一个不懂唱歌的人是做不好唱片的，也不是一个合格的制作人。这里的意思是，这个人并不一定要唱歌动听、悦耳，但他应该对唱片市场是十分熟悉的，并长时间地热爱这个行业，且自己也有一些歌唱经验。所以，不要找那些只会**向市场要答案**的运营者，而要找那些**向观众要答案**的制作人，他们才是合格的运营者。能够帮助到创作者的人，或许也是优秀的创作者。再问大家一次，**什么才叫运营？**也许，答案就隐藏在我们的视频账号的评论区，或许，它藏在另一个隐秘的地方，藏在一些微小的细节中。

第二节

针对性改良

众口难调，一档节目只能针对一种用户画像进行运营

学会专注于一个垂直领域，哪怕这个垂直领域是泛娱乐化的。**一定要明白众口难调的道理**，因为罗马不是一天建成的，当创作者在规划一个名叫“罗马”的主城区时，当然也可以赋予观众**精神贵族的称号**，而这批精神贵族就是我们针对一种用户画像所衍生出来的运营策略。一开始，我们喜欢称他们为**种子用户**，每当一个项目完成**起号**工作，或者度过了**冷启动**的阶段后，我们难免需要**投石问路**。在本章的第一节中，我们强调了获取**市场反响的重要性**，这是专业人士应有的职业素养，它能够帮助我们找到**视频账号的定位及解决后来的风格化问题**，这些都是密切相关的。在获取到第一批种子用户以后，我们是否能够**长时间与之交往**，并且在相互传送信息的过程当中，进一步提升视频**账号的商业价值**，这就是我们在实现流量变现时必须面对的首个难题。所以我们会在接下来的第三节中，讲到**各个平台的市场受众**等问题。针对不同平台的运营策略，一定要采用**不同内容制作风格及相应的团队资源配置**。回到论及一个视频账号的商业价值上，**如何通过创作者所独有的艺术才能及网络平台上的媒介功能，获取源源不断的经济收益，创造个人或团队的品牌价值呢？**答案是相当简单的。但实际上，很多创作者连开头的第一步都做不到，根本就没什么人看他们的视频内容。我们实在不应该将内容创作想象得如此复杂，早期的内容结构一定要**先做减法，呈现单一的元素，强调某一种画面感**，有**一条简洁的主线**、**一小部分的人物关系**，仅此而已。在有了群众基础、得到一大批粉丝支持以后，我们才应该做**更为灵活的加减乘除法**。如果把创作者当成学生，那么他们要学习基本四则运算法则各自的进阶口诀，以及隐藏在那些文化现象背后的深层含义、符号等。同样以加减乘除法为例，这 4 种算法都是单独的个体，那么我们可以**主攻学习一种算法**，因为**贪多嚼不烂**。又如，这 4 种算法其实是**多胞胎**，那么我们应该从大哥、二哥、三哥和小弟里**挑一个较容易入手的做切入口**，等到内容创作的瓶颈期出现时，就近寻找**另一个突破口**，观察**谁和你们所关注的对象更加亲近**，更容易**连成一体**。当然，感情的部分也很关键，跟你的用户在**情感领域交流**，也就意味着——假设将整个内容市场细分，我们则可以根据不同的用户类型，拓宽自己的信息流通的媒介空间。等到需要更新换代时，我们便可以**继续深挖女性用户的内容市场**，并不需要直接转型去满足**男性用户的市场需求**，但可以不用**一直停留在 25～35 岁的区间**上，创作者可以根据实际的业务展开而**将其长处发扬光大**。所有的**针对性改良工作**，不是要创作者去追逐那些市场动态及大多数的用户需求，而是要创作者根据实际的团队资源进行**二次开发工作**。也许，市场上有着更挣钱的项目，也有比我们更优秀的创作者，但那些都是遥不可及的，做当下的自己，**稳固基本盘**，才能够有机会形成独特的个人风格，才不至于被整个内容市场淘汰，使得我们的心血之作都付诸东流。

第三节

了解各个平台市场受众

不同平台要有不同风格和运营模式

学会了解各个平台的市场受众，这是第一步，也是内容创作者的基本盘，也许，有的项目还可以出海，做成一个品牌，这些当然就是后话了。**做事情不应该是点到为止的**，与其说我们是在跟那些平台打交道，倒不如说我们是在与**其中的特定观众交朋友**，希望他们能够关注我们，并且通过这些平台引流到业务口上，因为哪怕是纯粹的商单，也需要**一定网络社区的影响力**。切记，**可以与平台中的某些活跃用户或社区文化进行人设的捆绑工作，但不要轻易试图与单一平台结**

成战略伙伴关系，除非对方开出了让创作者根本无法拒绝的**天价独家签约费用**。有时，与平台方捆绑的拥有小体量粉丝的创作者，可能需要的只是**稳定的平台补贴**、相对合理的**广告分成**，以及其他商务合作渠道等。另外，所有的平台公司基本上都有自己的合作对象及内容供应商，大部分都是一些代运营的传媒公司、MCN 机构等。当然，平台公司也会注册一些 MCN 机构，用自己的官方流量捧红独家签约的创作者。事实上，绝大多数的头部创作者，哪怕是真正的草根、素人，都会有一些或明摆着、或隐藏起来的官方背景。换言之，在创作者的交际圈子里，那些功成名就的创作者少不了带有“山头主义”的意思。更多时候，我们看到的一大部分的头部创作者都是官方平台利用**田忌赛马**的淘汰机制而孵化出来的。这就涉及本章第四节关于付费流量的问题了。

学会独善其身，才能细水长流。不要过度地分析平台上的活跃用户为什么总是喜欢某一个平台，而要找到他们不喜欢其他平台的原因。另外，更关键的是假如一个用户讨厌某个平台却不得不进入它的网站，那么，这个用户的动机是什么呢？当从这一方面考虑时，各平台之间的差异又会体现在什么地方呢？有哪些地方是让它们臭名远扬的？是让其他平台上的用户恨之入骨的？正如很多男性观众总是喜欢嘲笑某个女性用户扎堆的社交平台，却不得不在寻找某些事物时，亲自进入这个平台，打开那些创作者的网络视频。我们一定要找到这些平台内容创作的共同点，以及那些并不喜欢它们的人们对其形成的共识。这些共同点或共识可能并不是这些平台的长处，却是整个互联网社会的信息传递中必不可少的重要环节。运营者只有打通了它们，找到要害，才能发现用户聚集的核心原因，才能获取平台上的账号运营的奥秘。

第四节

流量时代

买流量

当进入这个天下闻名的**流量时代**以后，其实创作者都是处于**迷糊状态**的。相对而言，再没有其他职业是比我们更加贫穷的了。在网络上，有许多传播学专家告诉我们，**拍视频，有手就可以了！**也就是只要有一部手机、一个人，就算是用手机剪辑 App 做后期工作，也不过是**先用手机备忘录写剧本，再用手机拍摄，然后用手机剪辑 App 做后期制作**，最后用手机**上传到各大视频网站**。事实上，我们对创作的要求越来越高，对内容质量的需求越来越多，同行间的技术竞赛也越来越激烈，这是因为几乎人人都在尝试拿着一**部新款的高端手机拍摄**，**配备三脚架**、**稳定**

器和单反，找空房间置景，打造自己的专属摄影棚（偶尔**也可以当直播间使用），对外聘请职业演员，对内孵化达人**，组建编导、直播小组，成立**直播电商部门**，直接**转型做线上的流量业务**，等等。越往前推进，创作者越发觉得囊中羞涩，无力前行，也越发认命，到了最后，更会遗失**那颗敢于打天下的雄心**。因为我们真的没有钱，也没有帮手，空有项目灵感，虽然也有一点儿成功的经验，但也不得不被流量时代裹挟其中。然而，当我们真正进入一个看起来属于自己的流量时代时，就会发现它很“烧钱”，是种资本游戏。很多人认为**免费流量一定是性价比最高的**，事实上，它的价格比付费流量更加昂贵，有时也是尾大不掉的。它的臃肿形态源于**其他需要投入财力的部分**，例如，**组建一个属于自己的创作及运营团队，购买设备器材，租场地，支付员工薪资，搭好一个类似于 MCN 机构的盘子**。大多免费流量其实根本不是不用花钱，而是需要创作者把财力投到**其他制片及运营**等环节当中，可能是创建一家有关于内容创作的公司，可能是找一个小团队，也可能是每天不断地增加其他费用支出。而买流量并不等同于付费流量，并不意味着如果我们**把钱花在运营者及投手身上，花在纯粹的引流效果上，控制好成本，把直播间的 GMV 拉上去，就可以将这一大笔钱当成广告费用**。把投流的钱当成一笔广告费用，这是十分正确的事情。但有时，这一笔广告费用会**直接交给另一个部门——内容创作的新媒体部门**。另外，对于大部分的平台来说，广告收入是**每年财报的大头之一**，所以，它也是**整个互联网信息社会付费流量运动的有力推动者**，或者是**唯一的主要变革者**。它让诸多创作者改变了自己的流量变现模式，被限制于**只能接商单、帮客户打广告**，再加上，在平台的**各类抽成机制**的影响之下，**创作者变成了平台方的打工仔**。如果他们还签约了 MCN 机构或传媒公司，那么获取到的个人收益更少。至于那些公司孵化出来的达人，他们的薪资大多在**一个基础底薪之上，再加上一点提成**。而且，并非每一个团队成员都有机会参与分成，自然而然地，当个人利益不一致时，赚钱多的成员自然会更加卖力地干活，而只拿死工资而无提成资格的部分成员，如摄影师、剪辑师等，**在这种团队成员薪资待遇相对不平等的情况下**，也会磨洋工。这并不是歧视工种的表现，而是每当出现了一种不合理的利益分配机制时，我们就不太可能将所有人拧成一股绳，保证行动一致。最重要的是**创作本身需要分工合作**，很少会有**自编、自导、自演、自己剪片子和运营**的特殊情况出现，草根创作者、单打独斗的个人创作者除外。现在团队作战的情况越来越多，它们都是以小组制进入整个内容市场的。现如今已经不是那个**仅学会如何"烧钱"，就可以让一个视频项目跑起来**的草莽年代了，也不是**舍不得孩子套不着狼**的疯狂时刻了，我们要有**一种消费意识**，不只是纯粹的**付费流量意识**。我们既然希望切**这个内容创意市场的大蛋糕**，就应该先将**自己内部的分蛋糕机制搞好，机制要足够公平，相对平等**，别让合伙人中途跑了，也别让训练有素的团队成员到竞品公司上班，更不要让**那种达人红了就解约，暗地里挖走一支负责的创作团队**的荒唐情况出现。首先，**技术团队比那些达人更为重要**，哪怕这个达人在全网有几百万个粉丝；其次，**创作者比其他团队成员更为重要**，哪怕老板也加入了这个团队；最后，术业有专攻，要**尊重观众的个人意愿，尊重市场的消费意志**，因为只有它们才能决定作品及流量变现的命运。所以，投资就要投在有价值的地方，只找对应的用户需求。要**学会买流量**，但不一定是买一些**空有热度而无内容转化的流量**。因为有一定热度的流量是最容易获取到的，平台方每天都可以制造出无数个热门。而在平台方看来，那些真正有内容转化的流量其实源自**运营者作为一个买流量的用户的付费意识**。所以，我们真正能够利用的有**内容转化的流量**，一定不是用**钱能够买到的简单事物**，而是**长期积累下来的内容品质的商业结晶，利用其品牌打出了名头与口碑以后才会有蜂拥而至的消费者**。从这个商业层面考虑时，平台方与运营者的利益几乎是一致的，从某种程度上来说，他们是在找付费推广的用户，尤其是商家与企业用户的运营者，而我们是在找自己的消费者，或者是在帮助甲方客户寻找一批更合适的潜在用户群。买流量更像是创作者给了观众一个美梦成真的机会，平台方则认为自己给了运营者一个**流量变现的机会**。我们希望创作者给观众带来隐藏在心底的**“最初的梦想”**，进而获得流量转化。这是**一种升华式的精神价值**，只有“溢”出来的部分才会充满铜臭味，让创作者拿到一个又一个充饥的“面包”，也让公司取得**应有的经济回报**，实现**多方共赢**的美好局面。

第九章

收支（变现）

第一节

以讹传讹的骗局

短视频其实挣不了钱，这只是一种广告

是的，**网红只是一种社会现象**，关键还是在于**我们的商业变现渠道**。

我们可以将短视频当成**一种具备文化属性的商品**、**一个品牌的标志性动作**等，但它仍然需要**其他的商业部件**，如**一条更加可行的供应链系统**，秀场主播、会跳舞的美女主播通过直播间获取礼物打赏的消费机制，一个成规模化的公司负责打理除了才艺展示的商务活动。

尽管大部分的平台方及公会与签约艺人之间的分成比例极其夸张，如平台方与签约主播的礼物分成起步标准是五五开，但更多时候，签约主播可能拿不到合同上约定的提成收入，甚至连基础底薪都随时可能被拖欠。

另外，大部分的创作者都是**依靠商单广告存活**的，就连那些拍摄生活类 Vlog 的创作者，他们所获取到的平台补贴及活动奖金，也都源于平台方的综合性收入，或者**商家的付费广告收入**。

近两年，**一种更为普遍的内容电商体系**崛起之后，创作者打广告的商业意识更加规范化了，从而进一步加深了整个内容市场的空间分流形态，让诸多新人创作者更加注重垂直领域的用户群体，并且逐渐转向更轻量化的内容创作，不再一味追求泛娱乐市场的流量影响力最大化。

包括近年来风靡一时的直播带货等，其不属于内容创作的产物，而是由**纯粹、单一的独立个体**结合起来的。从电子商务的发展趋势来看，直播带货只需要**一个有足够多的消费者的用户社区**，并不强调**某一种特别的社区文化氛围**，有时还是**反对创作意识**的，这是资本运作之下的管控问题罢了。而创作者需要的是**一个能与观众面对面交流的语言空间**，并打造出一种**专属于内部的文化氛围**。故而，在某种层面，创作者是**负责贩卖个人理想**的，而商家**只为用户提供基础技术服务**，这类基础技术服务更多地表现为**商品贸易**。

从本质上来说，创作者也许并不需要任何经济收入，他们可以将创作工作当成副业。可是在互联网的信息社会中，商家处于非常被动的状态，总是渴望**与创作者处于亲密无间的合作状态**，这也就导致了如今总

是公司内部孵化视频账号——一个部门负责**内容创作**，另一个部门负责**流量变现**。但所有的公司都**只能转化一小部分的用户流量**，更多的用户流量则是**内容创作者所独有的**。获取流量不是**喊一句“给我们的商品下单”“给主播五星好评”**，而是用户发自内心地喜爱**那些创作出来的优质内容**，这才是流量变现的一大基底。

第二节

变现渠道

视频账号只能间接创造收益而无法直接创造财富

首先，我们不是在售卖一个简单的商品，它也可以是一种消费理念，其背后代表着一些人的社会愿景。

其次，我们不是在寻求所有人的价值认可，但我们是有社会公德底线的，这是保证我们能够长期经营下去的保障。

最后，我们无法直接创造出创作者的财富，同时，我们也无法直接给予观众、粉丝及用户群体一条只属于他们的致富之路，甚至所有人的共同致富之路。

当然，有的创作者认为在一个公域流量池里**无法直接创造出财富**，却可以在转化到私域流量池以后，通过一些其他正当合规的商业手段，创造出**一个真正意义上的财富神话**。

无论如何，他们都**不可能直接创造出财富**，一定要有**一个稳定、靠谱的变现渠道**，接入**商业本质的层面**，才能间接创造出**一些额外的收益**。

对于创作这件事情本身，创作者大多只能收获**观众的掌声与喝彩**，得到**社会的认可**，以及拥有**相当响亮的名头**。这些事情都是理所当然的。而经济效益的部分则**是属于商业变现板块**的，一个好的内容创作者不一定是做生意的人才，而内容创作本身，在更多时候只能让创作者获得名气，之后才会让他们有创造财富的可能性。

第三节

良性支出

一个挣钱的视频账号，有哪些支出是必须的支出

第一，要学会控制成本，亏本的视频账号与挣钱的视频账号有相同之处，如它们都需要**创作者**，这一定是一个必不可少的开销问题。

第二，有了**越来越挣钱**的内容团队，以及对公司内部供应链的销售系统有所帮助的能够营销推广的团队，才会有一个更加值得投资的项目前景。在这个基础上，增加人手，将一个小小的创作团队慢慢地转变成可以通过内容创作做好品牌营销或其他推广活动的矩阵模式。

第三，要学会**整合行业资源**，进而做**流量变现**的生意。其实在第二步，有相当多的公司项目的内容团队已经在走整合行业资源的道路了，只不过其刚开始接手公司内部的业务，还没有独立出来，只能够**通过内容来引流**。

另外，并非只有头部创作者和视频账号才涉及公司内部或个人的行业资源整合问题，只要流量足够精准即可，例如，我们是经营二手车生意的商家，每天拍一些汽车科普知识、二手车知识，以及客户买卖等视频内容。如果将互联网上的视频网站看成一个又一个人流量密集的、巨大的公共空间，我们就可以通过内容创作吸引一部分潜在的受众，长期坚持下来以后，我们会收获一小部分粉丝，甚至在线下将他们发展成朋友或知己。这些源源不断的新客户及新朋友通过一个又一个视频了解到二手车生意背后的故事，自然而然地，他们也通过这些视频账号的内容对我们的商业交易产生了信任，这是一种用户和我们素未谋面却心知肚明的微妙状态。

在投资内容创作这件事情上，我们一定是做**亏本生意**的，因为少有创作者能成为大人物，而大网红与大主播也不是一天两天就能成功的，有时，他们的出现只是“天时地利人和”多方面共同作用的结果。

站在前人的立场上，我们建议创作者尽可能地**自力更生**。不要依靠平台上的纯商单的广告费用，也不要太在意某些单一平台上的用户个人喜好等，而要加入商业化的部分，从消费者及用户的营销层面思考创作方式。或许，我们以后会认为**内容数据本身**更为理性，但这种想法是不可取的。要将内容创作上的焦虑通通抛开，让市场结果说话，拍自己喜欢的东西，加入商品元素。打 100 个甲方广告也不如只打自己家的广告来得更简洁、更有力、更轻松、更自如，从某种意义上来说，流媒体上的创作者的确可以**当自己的老板**、**做自己的甲方**，他们完全不用局限在纯乙方或单纯的媒介上。但这是一种与互联网精神脱节的过时思想，我们也不应该再用它来束缚创作者。请大胆一点，将它当成一盘生意，再自信一点，相信观众能够支持你的品牌及生意！

第十章

心态

第一节

时刻保持清醒

不胜则负，两个极端之下务必保持冷静

总的来说，这个行业有着大起大落的正常波动。而且，失败很正常。大家都知道，**总会有各种各样的网红每天都在“过气”**，所以，我希望你们能够接受这些看起来十分残酷却合情合理的事实，然后稳步前行，最好做自己的甲方，在自己当老板的这条道路上坚持下去。因为当你们能够控制成本时，不只是创作内容的成本，还有商品生产的成本，就会发现自己真正地引来了一大波流量，尽管有时它们是以冷嘲热讽的姿态出现的，但一个无法回避的事实是——这些都是**真金白银的经济收入啊！**

请不要本末倒置。我们进行内容创作，不是为了挣广告费，也不是为了赢得 10 万个、100 万个粉丝的关注，而是为了在 1 万人、100 万人涌进直播间、到评论区留言、给后台私信以后，他们能成为下一个新客户。因为打广告只是一种很初级、也很被动的商业变现手法，甚至不太入流、不稳定、极为粗糙的流量变现手法，有时由于甲方本身的品牌公关上的问题、各类风险，我们的视频账号受牵连了、掉粉了、形象受损了。为了不再出现此类赔了夫人又折兵的惨痛局面，现在许多创作者已经开始寻找属于他们自己的供应链系统，再加上，我国商贸活动极为发达，尤其是在一些产业链集中的城市里，上、中、下游的供应商可以进行整合——综合性的战略合作，创作者在拥有了大批量的客户以后，就会找稳定的代工企业合作。这是很多偏商业化运作的视频账号逐渐走向资本市场的过程。

第二节

如何赶上或创造热点

分析国内文创产业的核心内在，至少确保方向的正确

一定要有**正能量**。

不要挑战**社会公德**。

要符合**我国网络文明建设的总体要求**，做到思想引领、文化建设、道德示范、行为规范、生态治理、法治建设、文明创建、交流互鉴。

因为从某种意义上来说，网络安全关乎国家软实力，要立法规划设计好网络运行轨道，形成一个文明的网络空间，从而造福国家，造福人民！

国内文创产业的核心内在一直都在**走群众路线**，其正确方向也应该是**爱国、爱党、爱人民群众**的。很多人常常会说，是**不是互联网的视频平台的审核制度有问题**？但客观来说，我们的确**不应该追求过度娱乐化**，甚至持有毫无底线的自欺欺人的创作态度，观众不是我们的"玩物"，而是我们应该认真对待的好朋友。所以，不能做那些挑战大众的事情，要赶上热点、创造热点，而这些热点一定是从群众的思想中发掘到的。

网红并不是只会迎合审丑心理，每个事物都会有正反面。当然，我们也可以创造出一些"小丑"，这些舞台上的"小丑"仍然会取悦台下的观众，而现实中的那种小丑却不值得我们学习。要当流媒体上的"常青树"，10 年、20 年……一直创作下去，树立一个文化偶像所该有的榜样，这是所有创作者都应该尽心尽力做到的事。

第三节

短视频的价值，是给人带来欢乐

减少多余的功利心，否则只会给团队和个人带来困扰

减轻负担，才能真正意义上地**负重前行**。之所以说“负重前行”，是因为创作从来不是一件简单的事情，不是写关于一个人、两个人的一两件事，也不是只讲述两三天的生活。从某种程度上来说，我们在创**造一个更真实的历史**，在这段属于观众的历史中，也许不会有盘古开天地和女娲造人的神话故事，也不会有秦始皇一统天下的片段……可是，那些创造世界的人物依然存在，那些逐鹿中原的王者仍然会继续书写属于他们自己的传奇故事，这就是创作给予受众最直观的感受。除此以外，我们还需要管理团队，需要对接流量变现，有时也需要打造自己的商业版图，而多余的功利心只会让我们束手束脚。创作本来就很困难，做生意本来就不轻松，假如我们还要处理那些本不该有的纷争，这样项目肯定是不会成功的。

后记

写这本书的时间点相当奇妙，我动笔于 2021 年，那时候互联网上的内容创作者中已经有不少人觉得这个行业正在发生巨大的变化。这个内容市场变得更加分裂，有的垂直市场则表现得更下沉。同时，广大用户变得不再沉默，越来越感性、爱发言，而对于创作者来说，至少对于我们来说，从来没想到有一天，创作者也可以在直播间教人识字，而他们可能只是普通的中老年人。更离奇的是，在那些视频账号中完全看不到丝毫流量变现的商业效益，这也让我们发现了整个内容创作的新大陆。哪怕是从最基础的识文断字开始，也能让很多人找到网上冲浪的意义。有些人只是因为一时好奇，听说某些人在某些网站上做着某些有趣的事情便加入其中，例如，学习写自己的名字，每天多认识几个汉字。写书也一样，在整个内容创作的市场发生变化时，在某种有利可图之机降临时，我们不只希望让大家了解什么是真正意义上的“内容创作”，也希望让大家了解“流量变现”对于创作者的本质意义。

我们更希望看到的是：

在1年、3年、10年以后，我们与大家不是以单纯的作者与读者、老师与初学者的身份见面，而是以朋友的身份相见。同时，这不是一本面向一般大众的书籍，在我们看来，它应该可以更加通俗易懂。但实际上，我们在书中制造了无数难题，只为了诚心诚意地挑选出真正合格的下一代创作者。或许，书中的内容对大家来说一文不值，这当然是最好的，我们巴不得写完的时候，它们已经过时了。所以我们绞尽脑汁创作出来的内容，也可能是现在无法验证的内容，但大家在10年、20年、50年以后，再回过头来看的话，或许仍然会认可我们的一些想法。传达那些看起来不切实际的、前卫的念头，就是我们撰写本书的唯一意义。

最后，感谢出版社的领导及编辑们，也感谢所有朋友们一路上的大力支持，更感谢那些曾经愿意投资看起来带有很幼稚的想法的项目的老板们。如果没有他们的鼎力支持，如果他们没有把真金白银投入其中，也就不会有我们今天在这里的“胡言乱语”了。